DES ONGLES

AU POINT DE VUE

ANATOMIQUE, PHYSIOLOGIQUE ET PATHOLOGIQUE

PAR

LOUIS ANCEL

DOCTEUR EN MÉDECINE.

Ancien interne en médecine et en chirurgie des hôpitaux de Paris,
Ancien interne des hôpitaux de Nancy,
Ex-aide d'anatomie de l'École de médecine de Nancy. Lauréat de la même École.

Avec figures.

PARIS

ADRIEN DELAHAYE, LIBRAIRE-ÉDITEUR

PLACE DE L'ÉCOLE-DE-MÉDECINE

1868

DES ONGLES

AU POINT DE VUE

ANATOMIQUE, PHYSIOLOGIQUE ET PATHOLOGIQUE

PAR

LOUIS ANCEL

DOCTEUR EN MÉDECINE.

Ancien interne en médecine et en chirurgie des hôpitaux de Paris,
Ancien interne des hôpitaux de Nancy,
Ex-aide d'anatomie de l'École de médecine de Nancy. Lauréat de la même École.

Avec figures.

PARIS

ADRIEN DELAHAYE, LIBRAIRE-ÉDITEUR

PLACE DE L'ÉCOLE-DE-MÉDECINE

1868

DES ONGLES

AU POINT DE VUE

ANATOMIQUE, PHYSIOLOGIQUE ET PATHOLOGIQUE

INTRODUCTION

Annexes de la peau, les ongles ne sont que de l'épiderme dont les différentes couches sont considérablement amplifiées. Cette simple donnée anatomique suffit pour montrer que les altérations pathologiques de l'ongle doivent rentrer dans la grande classe des affections cutanées. Dans les études si nombreuses dont ces dernières ont été le sujet, il est curieux de remarquer combien peu les auteurs ont insisté sur les altérations de l'ongle.

Le savant professeur de dermatologie, M. Bazin, nous faisait en effet remarquer qu'il existe dans la science une véritable lacune à propos des signes fournis par l'ongle dans les maladies constitutionnelles, et dans deux d'entre elles en particulier : l'arthritis et la dartre. C'est d'après

les conseils de M. Bazin, et grâce aux observations qu'il
m'a permis de recueillir dans son service, que je viens
essayer aujourd'hui de réunir dans un même cadre les
différentes altérations des ongles, tout en cherchant à
attirer plus spécialement l'attention sur celles qui n'ont
pas été jusqu'à ce jour suffisamment étudiées ; je veux
parler de l'*eczéma* et du *psoriasis ungium*.

Ces affections *génériques*, eczéma et psoriasis, je les
rattacherai aux maladies *constitutionnelles* ; et je ne puis
mieux faire, pour mettre de l'ordre et de la clarté dans
l'étude des altérations des ongles, que de leur appliquer
la classification que M. Bazin a si savamment instituée
pour toutes les affections cutanées ; à savoir : les *affections
de cause externe* et les *affections de cause interne*.

Je crois devoir entrer ici dans quelques détails relatifs
à cette dernière classe : les affections cutanées de cause
interne. Depuis longtemps on a reconnu que les différentes
affections cutanées, appelées improprement *maladies*,
peuvent provenir de causes générales, ou diathèses, ou,
pour nous servir du langage de M. Bazin, de *maladies
constitutionnelles*. Si ces affections reconnaissent des ori-
gines différentes, il est naturel d'admettre la *spécificité* de
leurs caractères objectifs ; c'est en effet ce que presque
tous les dermatologistes admettent pour certaines d'entre
elles. Ainsi : un *acné syphilitique* présentera des caractères permettant de le distinguer de toute autre espèce
d'acné ; et il n'est pas un médecin un peu versé dans
l'étude des maladies cutanées, qui ne croie pouvoir, dans
la plupart des cas, reconnaître la spécificité de l'éruption
uniquement par ses signes objectifs. Ce qui est vrai pour
la *syphilis* et la *scrofule* l'est également pour l'*arthri-*

tis et l'*herpétisme :* et c'est une dette que doit la science
à M. Bazin d'avoir donné les caractères qui distinguent
les affections génériques, selon qu'elles appartiennent
à l'une ou à l'autre de ces deux maladies constitutionnelles. Par ses magnifiques travaux et ses vues profondes,
il a complétement changé la face de la dermatologie
moderne. C'est lui qui a surtout propagé l'étude des
lésions élémentaires (vésicules, bulles, etc.), *et du genre*
(eczéma, lichen, psoriasis, etc.) ; c'est lui qui le premier a démontré que les affections cutanées génériques
n'ont pas une existence indépendante, qu'elles ne sont pas
des faits isolés, mais qu'elles se rattachent à une cause générale, la maladie constitutionnelle. C'est ainsi qu'on doit
admettre aujourd'hui *un eczéma: scrofuleux, syphilitique, arthritique, et herpétique.* Il en est de même des
autres genres.

Pour l'étude des affections de l'ongle de cause interne,
je suivrai la même manière de procéder que pour les
affections cutanées ; je chercherai à reconnaître leurs
genres et la maladie constitutionnelle à laquelle elles se
rattachent. Voici, du reste, le plan de mon travail :

CHAPITRE PREMIER. — **Anatomie et physiologie des ongles.**

CHAPITRE II. — **Altérations des ongles.**

Cause externe.
- Traumatiques.....
  - Contusions.
  - Onyxis traumatique.
  - Ongle incarné.
- Blessures des nerfs. | Altérations unguéales consécutives.
- Parasites.........
  - Achorion.
  - Tricophyton.
  - Microsporon?
- Altérations provoquées.
  - Cause interne. } Absorption du nitrate d'argent et de l'indigo.
  - Cause externe. } Altérations professionnelles.

Cause interne.
- Troubles de la nutrition
  - générale . { Pyrexies. / Maladies aiguës fébriles.
  - locale ... { Fractures des os des membres.
- Troubles de la fonction hématopoiétique.
  - Tubercules pulmonaires.
  - Affections cardiaques.
  - Chlorose, scorbut.
  - Cyanose.
- Maladies constitutionnelles.
  - Syphilis... Onyxis. { forme inflammatoire. / forme sèche.
  - Scrofule... Onyxis.
  - Arthritis .... { Eczéma. / Lichen. / Pityriasis.
  - Herpétisme........ Psoriasis.
  - Lèpre............ } Léproïdes furfuracées squameuses.

CHAPITRE III. — **Difformités.**

Congénitales...........
- Absence des ongles.
- Ongles surnuméraires.
- Vices d'implantation.

Spontanées de cause interne.
- Ichthyose.
- Elephantiasis.
- Achromie.

Accidentelles...........
- Cicatrices unguéales.
- Tumeurs sous-unguéales.
- Onycogriphoses.

ANATOMIE DE L'ONGLE

L'ongle est cette portion du tégument externe qui
recouvre au niveau de la troisième phalange la face
dorsale des doigts et des orteils. Au lieu de la couche
épidermique étalée sur toute la surface du corps, on rencontre dans ce point une lame cornée dont je vais rappeler l'aspect, la structure et les différentes propriétés.

Dans l'état physiologique, l'ongle se présente sous forme
d'une lame quadrilatère qui se moule sur la portion du
doigt destinée à la supporter : aussi a-t-elle une tendance
naturelle à se courber dans le sens de sa largeur ; cette
courbure varie avec les individus, et c'est un signe de
beauté lorsque l'ongle forme presque un demi-cylindre.
Dans le sens de la longueur, cette lame cornée est légèrement oblique en bas et en avant, et ne présente pas de
courbure appréciable chez les individus qui ont l'habitude de se couper les ongles : dans certains états pathologiques, au contraire, l'ongle présente une courbure
antéro-postérieure intéressante au point de vue de sa valeur séméiologique ; nous y reviendrons.

Pour avoir une idée exacte de l'ongle, il faut étudier la
lame cornée et la portion du tégument qui l'avoisine et
la supporte. Lorsqu'on examine un ongle, après l'avoir
dégagé des replis cutanés qui s'avancent sur son bord
postérieur et ses bords latéraux, on voit que la couche

cornée présente trois portions distinctes auxquelles les auteurs ont donné les noms de racine, corps et extrémité libre.

La racine est cette partie de la lame cornée qui est recouverte sur ses deux faces; elle a environ le quart de la longueur du corps de l'ongle ; elle en est d'ailleurs la partie la moins épaisse, et son épaisseur diminue à mesure qu'on s'approche de son bord postérieur qui est légèrement dentelé. Cette racine est reçue dans un repli de la peau auquel elle adhère par ses deux faces; toutefois son bord postérieur et sa face inférieure sont si peu adhérents, qu'on dirait qu'il y a simple contiguïté. La face supérieure de la racine, bien qu'elle soit plus adhérente à la peau que la face inférieure, est beaucoup moins intimement unie au derme que le corps de l'ongle, pour l'avulsion duquel on est obligé d'user d'une grande violence.

Le corps de l'ongle s'étend depuis le repli cutané qui voile la racine jusqu'au sillon creusé entre la partie libre de la lame cornée et la pulpe du doigt. Sa face postérieure est libre ; elle présente : 1° des stries longitudinales plus ou moins apparentes ; 2° à sa partie supérieure une couleur blanche, et à sa partie inférieure une couleur rouge : ces deux parties sont le plus souvent séparées l'une de l'autre par une courbe dont la concavité regarde en haut. La partie blanche, régulièrement limitée, prend une forme semi-lunaire, qui lui a valu le nom de *lunule*. La face inférieure du corps concave et adhérente est creusée de sillons longitudinaux correspondants aux papilles sous-unguéales. Il existe entre l'ongle et le derme sous-unguéal une pénétration réciproque des éminences et des dépressions ; de là résulte l'adhérence intime de ces parties entre elles.

La partie libre de l'ongle est séparée de la pulpe du doigt par un sillon demi-circulaire. Cette extrémité tend constamment à s'accroître; aussi, pour l'exercice régulier du toucher et de la marche, cette portion libre at-elle besoin d'être retranchée, dès qu'elle a acquis une certaine longueur. Autrement, elle se recourbe progressivement au-dessous de la pulpe des doigts, et donne à l'ongle une forme qui rappelle les griffes ou les serres de certains animaux.

C'est à ses connexions intimes avec la peau environnante que l'ongle doit sa fixité et son adhérence. On a une idée exacte de ces connexions en pratiquant sur la partie moyenne de la dernière phalange de l'un des doigts ou des orteils, une coupe longitudinale comprenant cette phalange et toutes les parties qui la recouvrent. On voit alors : 1° que le derme parvenu à la rencontre de l'ongle descend un peu sur sa face dorsale ; 2° qu'arrivé à l'union du quart supérieur de cette face avec ses trois quarts inférieurs, il se réfléchit de bas en haut et remonte sur la racine jusqu'au niveau de son bord postérieur; 3° qu'au - dessus de ce bord, il se réfléchit une seconde fois pour passer sous la racine à laquelle il adhère, puis sous le corps de l'ongle auquel il adhère d'une manière beaucoup plus intime. Il se continue ensuite avec le derme de la pulpe du doigt. Quant aux connexions des ongles avec l'épiderme, elles ont été exposées différemment par les auteurs qui s'en sont occupés. D'après Bichat, Béclard, Blandin, etc., l'épiderme passerait au-dessus du corps de l'ongle, irait contourner son bord libre et se continuerait ensuite avec celui de la pulpe des doigts. Pour d'autres observateurs, Lauth en particulier , il resterait constamment appliqué sur le derme, remonterait sur le côté postérieur de la racine, se réfléchirait au-dessus du bord supérieur de celle-ci, et descendrait ensuite sous la face adhérente de l'ongle pour aller rejoindre l'épiderme de la pulpe des doigts et des orteils. On sait aujourd'hui que l'épiderme parvenu à la partie inférieure du repli cutané qui entoure la racine, se prolonge d'un demi-millimètre sur le corps de l'ongle, et se réfléchit pour s'appliquer d'abord à lui-même : l'épiderme ainsi détaché du derme forme le long du bord concave, que la peau présente en ce point, un petit filet courbe, surmonté d'une petite rainure ; c'est au niveau de ce repli que l'on voit souvent l'épiderme se détacher par petites pellicules connues vulgairement sous le nom d'*envies*. On comprend la production facile de ce phénomène en se rappelant que l'épiderme adossé à lui-même n'est plus dans ce point en contact immédiat avec le derme, son organe formateur. Après s'être adossé ainsi à lui-même, l'épiderme s'applique à la face profonde du repli que décrit le derme, et il s'identifie ensuite avec le bord supérieur de la racine. Une fusion analogue s'opère entre l'épiderme et les bords latéraux de l'ongle. Telle n'est pas cependant l'opinion de Kölliker ; pour lui, la couche muqueuse de l'épiderme se continue directement avec celle de l'ongle, sans que l'on puisse trouver une ligne de démarcation entre les deux ; la couche cornée, au contraire, ne se trouve nulle part en continuité directe avec la substance de l'ongle proprement dite. Elle forme à l'ongle une espèce de gaîne, qui rappelle en quelque sorte celle des poils, mais qui est beaucoup plus incomplète que cette dernière.

Les divergences d'opinions qui séparent les auteurs au sujet des connexions des ongles avec la lame cornée de l'épiderme n'existent plus quand il s'agit de déterminer les rapports de l'ongle avec la couche muqueuse de Malpighi. C'est Albinus qui, le premier, a fait voir que le corps muqueux existe autour de la racine et au-dessous du corps des ongles, pour se continuer latéralement et inférieurement avec le corps muqueux de la pulpe des doigts. Comme l'épiderme, les ongles présentent donc une couche cornée et une couche muqueuse ; mais tandis que ces deux couches ne peuvent être sur aucun point du corps séparées par les moyens mécaniques ; au niveau de l'ongle, on les voit se séparer avec la plus grande facilité. L'avulsion violente de l'ongle laisse presque intact le corps muqueux correspondant.

Le derme sous-unguéal repose sur le périoste auquel il est intimement adhérent ; il présente, lui aussi, une forme quadrilatère ; il est bombé au milieu, déprimé en avant et en arrière, mais surtout sur les côtés. Ses parties antérieures et moyennes se montrent à découvert, lorsque la macération a détaché à la fois l'ongle et l'épiderme ; ses bords latéraux et sa portion postérieure sont recouverts par un pli du derme qui s'avance sur l'ongle, pli arrondi et peu saillant en avant, tranchant et profond en arrière : c'est le *pli sus-unguéal* ; en s'unissant avec le lit de l'ongle, il forme un cul-de-sac, *rainure unguéale*, qui reçoit les bords latéraux de l'ongle, ainsi que la partie postérieure de sa racine dans une étendue de 4 à 7 millimètres.

La surface du lit de l'ongle est garnie de petites crêtes spéciales, analogues à celles de la paume de la main et de la plante du pied ; elles commencent au fond de la rainure unguéale ; et à une distance de 6 à 8 millimètres de leur origine, elles deviennent tout d'un coup plus élevées, plus saillantes, et se changent en véritables lames qui vont se terminer brusquement au bord antérieur du lit de l'ongle. La limite entre les petites crêtes et les lames est figurée par une ligne convexe en avant, qui divise le lit de l'ongle en deux moitiés inégales, de couleurs différentes. La portion postérieure, plus petite, pâle, est couverte en grande partie par le pli sus-unguéal, elle répond à la racine de l'ongle. La portion antérieure plus grande est colorée en rouge et recouverte par le corps de l'ongle. Le bord libre des crêtes et des lames est garni d'une série de papilles très-courtes, dirigées en avant.

La disposition spéciale des papilles à la surface du derme sous-unguéal, sa consistance remarquable, avaient induit en erreur les anciens anatomistes sur la véritable structure de cette portion limitée du derme. Aussi voyons-nous M. Patissier, dans son Mémoire sur les ongles (1826), avancer que le derme sous-unguéal a une texture comme pulpeuse, et toute différente de celle qu'on lui observe dans les autres régions. On sait aujourd'hui que le derme sous-unguéal a une structure exactement semblable à celle des autres portions de cette membrane : disons toutefois que ce qui distingue l'ongle du reste du tégument, c'est que sa lame cornée ne présente aucun orifice, et que le derme qui la supporte est la seule partie de la peau totalement dépourvue de glandes sudoripares. D'après M. Sappey, le derme sous-unguéal par son aspect microscopique présente une remarquable analogie avec celui des cétacés. Du reste, il n'offre pas une structure entièrement identique dans toute son étendue : au niveau de la lunule, il est blanc et moins épais, il reçoit moins de nerfs et de vaisseaux ; au-dessous de la lunule, son épaisseur augmente graduellement, il devient plus vasculaire. Dans sa partie blanche comme dans sa partie rouge, les fibres qui le composent suivent pour la plupart une direction perpendiculaire à la surface de l'ongle. Ce derme, remarquable par sa densité, est presque entièrement privé de graisse, même dans ses parties profondes. Les petites crêtes, les lames et leurs papilles sont très-riches en fibres élastiques.

Les vaisseaux sanguins sont nombreux. Quant au réseau lymphatique de l'extrémité de chacun des doigts et des orteils, il enchâsse en quelque sorte le derme sous-unguéal, sans jamais dépasser sa circonférence. Une fois cependant, M. Bonamy a vu celui qui répond à l'extrémité du pouce, s'avancer de la face dorsale du doigt sur la matrice de l'ongle mise à nu par la macération.

C'est surtout dans la portion antérieure du lit de l'ongle
qu'il existe un grand nombre de vaisseaux sanguins;
ils sont rares au contraire, en arrière, dans la portion
recouverte par la racine de l'ongle et dans la rainure
unguéale. Leurs capillaires, qui ont $0^{mm},011$ à $0^{mm},018$
de diamètre, occupent les bords des lamelles, pénètrent
même dans les papilles, là où celles-ci sont très-dévelop-
pées, et forment souvent des anses multiples.

Profondément, les nerfs se comportent comme dans
les autres portions du derme; mais à sa superficie,
Kölliker n'a aperçu ni anses, ni divisions terminales.
En général, il n'a pas trouvé de nerfs dans les lames, et
Vagner n'a pas été plus heureux que lui.

La lame interne de l'ongle présente la plupart des caractères du corps muqueux. Ce n'est que chez le fœtus
et l'enfant naissant qu'on peut retrouver dans cette lame
les cellules qui la constituent originairement; chez
l'adulte, elle présente un aspect granulé. La couche muqueuse de l'ongle est composée dans toute son épaisseur
de cellules à noyaux de même que celle de l'épiderme,
dont elle ne diffère du reste que parce que, dans sa partie profonde, elle renferme plusieurs couches de cellules
allongées, placées verticalement; ce sont ces cellules qui
lui donnent une certaine apparence fibreuse, et qui ont
conduit Guenther à admettre l'existence de glandes par-
ticulières au-dessous de l'ongle. D'après Béclard, la
couche muqueuse de l'ongle du *nègre* est noire; suivant
Krauss, ses cellules verticales contiennent des noyaux
d'une couleur brun foncé chez les nègres, d'un jaune
brunâtre chez les Européens bruns. Hassal assure que
les jeunes cellules de l'ongle, c'est-à-dire celles de la
couche muqueuse, contiennent souvent du pigmentum.
Kölliker dit avoir aussi constaté la présence du pigment,
au moins dans quelques cas isolés.

Suivant Blancardi et quelques anatomistes anciens, la

lame cornée serait composée de fibres blanches à directions longitudinales et parallèles, unies entre elles de la
manière la plus intime. Selon Ducrotay de Blainville, ces
fibres sont constituées par des rangées de poils longitudinalement dirigés et soudés entre eux. En faveur de cette
structure fibrillaire, ces auteurs invoquaient l'existence
de stries à la face dorsale de l'ongle, et de sillons à sa
face inférieure. On sait aujourd'hui que cette disposition
de la lame cornée tient à la présence des papilles sous-
unguéales. D'autres anatomistes, Malpighi entre autres,
ont cru que l'ongle était formé par des papilles nerveuses ;
Ludwig a prétendu que la lame cornée était constituée
par les extrémités des vaisseaux et des nerfs soudés
entre eux. Aujourd'hui, tout le monde sait que l'élément
anatomique de l'ongle est la cellule épithéliale pavimen-
teuse. Pour déterminer cette structure de la lame cornée,
il faut avoir recours aux réactifs ; à l'aide des alcalis et
des acides minéraux, on arrive à constater facilement
que la couche cornée se compose de lamelles unies soli-
dement entre elles, et n'offrant aucune limite distincte :
chaque lamelle est formée d'une ou plusieurs couches
de squames ou écailles aplaties, polygonales, munies de
noyaux. Ces squames sont un peu plus épaisses et moins
larges dans les couches inférieures que dans les couches
supérieures : elles sont formées de cellules à noyaux ;
dans les couches profondes, les cellules sont assez
rondes ; dans les lamelles de la superficie, les cellules sont aplaties. Tandis que la couche muqueuse
de l'ongle présente une analogie complète avec la
couche correspondante de l'épiderme, la couche cornée
au contraire se distingue de celle de la cuticule par des
cellules à noyaux plus dures, plus aplaties, plus intimement unies entre elles et jouissant d'ailleurs de propriétés
chimiques différentes. Les ongles renferment une plus
grande proportion de soufre et de carbonates que l'épi-

derme (Mulder). D'après Lauth, l'ongle renfermerait une proportion plus forte de phosphate calcaire, sel auquel il devrait sa dureté. Quelque nombreux que soient les points de contact entre l'épiderme et les ongles, on ne peut regarder ces deux produits comme entièrement identiques ; si les ongles, en effet, n'étaient que le résultat de plusieurs couches épidermoïdes superposées, pourquoi la face plantaire du pied, qui est garnie de nombreuses lames d'épiderme appliquées les unes sur les autres, n'offrirait-elle pas l'aspect et la texture des ongles ? Quoi qu'il en soit, l'analogie est si grande entre l'ongle et l'épiderme, même dans leurs couches cornées, qu'on peut considérer parfaitement l'ongle comme de l'épiderme modifié.

PHYSIOLOGIE DES ONGLES

Les auteurs ne sont pas parfaitement d'accord sur le mode d'accroissement des ongles. Les uns, en effet, réservent le nom de matrice de l'ongle à la portion du derme que reçoit la racine ; d'autres, attachant au mot matrice l'idée d'organe générateur, désignent sous ce nom toute la portion du derme à laquelle adhère la lame cornée : ils fondent leur manière de voir sur l'absence d'une ligne de démarcation tranchée entre la portion du derme où s'insère la racine et celle que recouvre le corps de l'ongle. Pour ces auteurs, l'accroissement de l'ongle en longueur serait confié à la portion du derme qui entoure la racine, et l'accroissement en épaisseur au derme sous-unguéal.

Pour d'autres, au contraire, il existerait dans le derme unguéal deux portions distinctes, non-seulement au point de vue de leur structure, mais encore au point de vue de leurs fonctions. Pour ces derniers, la portion blanche du derme, qui comprend le repli entourant la racine et la portion qui forme la lunule, serait seule chargée de la formation et de l'accroissement de l'ongle ; tandis que la portion située en avant de la lunule n'aurait d'autre usage que de concourir au perfectionnement du toucher. D'après cette dernière théorie, la partie blanche du derme rétro- et sous-unguéal serait seule chargée de l'élaboration de l'ongle, et celle-ci se ferait par la production de lamelles cornées au niveau de cette portion du derme ; ces lamelles seraient imbriquées de telle sorte que : la première formée recouvrant la lunule, la seconde soulèverait la précédente en la poussant en haut et en avant ; puis viendrait une troisième qui pousserait de la même manière les précédentes, puis une quatrième, et ainsi de suite. Ce mode de formation expliquerait pourquoi l'ongle est si mince à sa racine, et beaucoup plus épais dans sa moitié inférieure ; pourquoi il présente des stries transversales analogues aux stries circulaires des cornes des ruminants ; pourquoi sa partie libre s'infléchit naturellement vers la pulpe des doigts et des orteils ; pourquoi enfin cette partie libre se déchire facilement et régulièrement dans le sens transversal, très-difficilement au contraire dans le sens longitudinal.

Cette dernière manière d'expliquer la formation des ongles paraît certainement plus logique que la première ; mais les faits cliniques viennent lui donner tort, ou du moins montrer qu'elle est trop exclusive. Que les deux portions du derme sous-unguéal, la portion blanche et la portion rouge, aient des usages distincts, on est porté à l'admettre d'après leurs différences d'aspect et de structure ; mais accorder exclusivement la formation de l'ongle à la portion blanche, c'est une exagération démentie tous les jours par l'observation. Que d'exemples en effet d'onyxis suivis de destruction de la portion postérieure du derme sous-unguéal, et après lesquels on a vu la portion antérieure donner naissance à des productions cornées. Dans ces cas, il est vrai, elles sont le plus souvent irrégulières, d'aspect grisâtre, s'accroissent lentement et en affectant souvent les directions les plus bizarres. Ce fait seul suffirait déjà pour démontrer que la portion rouge du lit de l'ongle est susceptible d'élaborer la substance cornée. Une autre raison qui plaide beaucoup plus encore en faveur de la formation de l'ongle par tout le derme sous-unguéal, c'est la déformation spéciale de la lame cornée dans l'eczéma des ongles. Dans ce cas, il semble que les papilles les plus rapprochées de l'extrémité des doigts aient été surexcitées dans leur sécrétion. Elles donnent naissance à des couches cornées, épaisses et irrégulières, qui soulèvent celles qui progressent d'arrière en avant, s'y adjoignent, et donnent ainsi à l'ongle antérieurement une épaisseur considérable.

On doit donc admettre, en se fondant sur les données de l'anatomie et de l'observation, que le derme sous-unguéal tout entier concourt à la formation de la lame cornée ; mais avec cette restriction cependant que la plus grande partie de l'élaboration est dévolue à la portion blanche de ce derme, puisque nous avons vu qu'après sa destruction, la face dorsale de la phalangette ne se recouvre plus que de productions cornées irrégulières et informes. Ni l'une ni l'autre de ces portions du derme ne peut fournir isolément une lame cornée régulière et normale. La partie du derme qui entoure la racine sécrète les couches brillantes et superficielles de l'ongle ; elle imprime à la lame cornée sa direction normale. Le derme sous-unguéal, au contraire, est chargé de l'accroissement en épaisseur ; et s'il remplit un rôle moins important dans l'élaboration de l'ongle, il concourt par contre au perfectionnement du tact, grâce à la présence des nombreux vaisseaux et nerfs situés dans son épaisseur.

Les ongles croissent indéfiniment quand on les coupe de temps en temps ; dans le cas contraire, leur accroissement est limité ; c'est ce qui se voit dans les maladies qui exigent un long séjour au lit, et chez les peuplades de l'Asie orientale, dont les ongles atteignent une longueur d'un pouce et demi à deux pouces, et se recourbent autour des extrémités des doigts et des orteils. Pendant que l'ongle grandit, la couche muqueuse ne change pas de place, la couche cornée au contraire est sans cesse poussée d'arrière en avant. Les éléments de cette couche résultent de la transformation en corne des cellules de la couche muqueuse. Cette transformation se fait sur toute la face inférieure de l'ongle, à l'exception du bord libre, mais elle se fait surtout le long du bord postérieur de la racine. Ce sont les diverses parties de la racine qui croissent le plus rapidement, le corps de l'ongle se forme bien plus lentement ; l'accroissement en longueur l'emporte de beaucoup sur celui en épaisseur. Les lamelles de l'ongle une fois formées, sont poussées en avant et en haut, elles deviennent de plus en plus plates et dures, sans perdre néanmoins leurs noyaux. Ces changements sont les seuls que subissent les éléments de la couche cornée de l'ongle, éléments dont les caractères anatomiques et physiologiques sont en général les mêmes que ceux des poils à l'état de développement complet, et que ceux de la couche cornée de l'épiderme.

Au troisième mois de la vie intra-utérine, le lit de l'ongle et la rainure unguéale se distinguent du reste du derme par l'hypertrophie dont ils sont le siége. Entre la couche cornée et la couche muqueuse de l'épiderme apparaît alors une couche de cellules aplaties polygonales contenant un noyau : ce sont elles que l'on doit regarder comme la première trace de la véritable substance unguéale. Au début, l'ongle est donc complétement enveloppé par l'épiderme ; et il se développe sur le lit de l'ongle tout entier sous la forme d'une lamelle quadrilatère située entre la couche muqueuse et la couche cornée de l'épiderme. Ce n'est qu'à partir du septième mois de la vie intra-utérine que l'ongle se dégage de la couche cornée de l'épiderme, et qu'il commence à croître en longueur.

Chez le nouveau-né, le bord libre des ongles dépassé considérablement l'extrémité des doigts. Après la naissance, le bord libre si considérable tombe au moins une fois, plusieurs fois suivant Weber, probablement par suite d'une action mécanique extérieure, à laquelle son peu d'épaisseur ne lui permet pas de résister. Au sixième ou septième mois après la naissance, l'ongle du nouveau-né est remplacé complétement par un ongle nouveau.

La croissance des ongles est plus lente au pied qu'à la main, elle n'est pas également active sur tous les doigts ; sous ce rapport, le gros orteil l'emporte sur tous les autres : il faut environ quatre mois pour que l'ongle de ce doigt se renouvelle entièrement.

Dans la vieillesse, les ongles deviennent épais, denses, et en quelque sorte semblables à de la corne. On a dit que les ongles, de même que les cheveux et les poils, poussent après la mort ; c'est une erreur d'interpréta-tion, les ongles ne paraissent alors plus longs que par l'affaissement et la rétraction des tissus voisins qui les mettent à découvert dans une plus grande étendue.

Les ongles se régénèrent rapidement lorsque leur chute a été provoquée par un écrasement, une brûlure, une congélation, par certaines maladies de la peau, la scar-latine par exemple ; ou quand elle a eu lieu à la suite d'inflammations, d'exsudations, d'épanchements sanguins du lit de l'ongle. Il est des cas où l'ongle se renouvelle ainsi d'une manière périodique, comme dans le fait de Pecklin : il s'agit d'un garçon qui perdait ses ongles chaque année en automne ; ils devenaient d'abord d'un noir bleuâtre, tombaient en même temps que l'épiderme, et repoussaient ensuite. Lauth et Hirtl soutiennent que, dans ces circonstances, tout le lit de l'ongle se recouvre de lamelles cornées très-molles qui durcissent peu à peu pour former un ongle véritable, dont le bord libre finit par déborder l'extrémité digitale. Lorsqu'au contraire, à la suite d'une inflammation du lit de l'ongle, il y a eu cicatrisation de la rainure unguéale, l'ongle cesse de croître par son bord postérieur, il ne grandit plus en avant, se borne à couvrir le derme sous-unguéal sans jamais le dépasser en aucun point. Il arrive souvent qu'à la suite de contusions du doigt ou de tout autre accident, les ongles tombent et se renouvellent pendant que les effets de la blessure se font encore sentir. Presque toujours alors, l'ongle prend une mauvaise configuration, il est plus épais et plus dur qu'à l'ordinaire, il est aussi plus arqué et ressemble à un bec de perroquet. J'ai observé cette régénération vicieuse chez une dame qui a vu six fois, à des intervalles éloignés et à la suite de contusions légères, l'ongle de son doigt indicateur gauche se détacher pour se reproduire ensuite assez rapidement. Aujourd'hui cet ongle est rugueux et noirâtre, son étendue transversale est inférieure d'un demi-centimètre à celle des ongles des autres doigts; en revanche, il présente une épaisseur beaucoup plus considérable; en arrière, il soulève la matrice unguéale, il n'est plus recouvert par les replis épidermiques latéraux. Il diminue de largeur à mesure qu'on se rapproche de l'extrémité libre, il est incurvé dans le sens de sa longueur, et rappelle assez grossièrement un bec de perroquet, auquel les auteurs ont comparé les ongles reproduits dans certains cas de ce genre.

Enfin un mode de régénération unguéale beaucoup plus intéressant est celui auquel se rapporte le passage suivant de Tulpius : « Ungues, in digitorum apicibus semel deperditos, iterum renasci novum non est ; sed raro id conspicitur fieri in secundo aut tertio articulo, prioribus amputatis, in quibus tamen non semel eosdem vidimus non secus progerminare debitamque acquirere formam ac si in digitorum consisterent apicibus, deponente numquam sollicitudinem suam officiosa natura. » Lorsque la phalange unguéale a été enlevée, il n'est pas très-rare en effet de rencontrer un ongle rudimentaire sur la

seconde phalange ; on a même vu se produire une apparence d'ongle sur la première phalange après l'ablation des
deux autres. Ormancey raconte qu'une femme portait depuis plusieurs mois un ulcère à l'extrémité du doigt médius
de la main droite, à la suite d'un panaris qui lui avait
fait perdre la troisième phalange, toute la surface articulaire de la deuxième et une partie de la substance com-
pacte de cet os. A l'inspection de l'ulcère, Ormaney jugea
qu'il était entretenu par une portion d'os qui s'exfoliait
peu à peu ; il en fit l'extraction en saisissant la portion
apparente avec des pinces à anneaux ; quelques mois
après la cicatrisation de l'ulcère, la malade alla de nouveau trouver Ormancey, qui vit, non sans quelque étonne-
ment, que l'ongle s'était reproduit, avec cette différence,
toutefois, qu'au lieu de suivre la direction ordinaire, il
s'inclinait de la face sus-palmaire à la face palmaire du
doigt comme pour recevoir le petit moignon. Rayer dit
avoir vu à l'hôpital de la Charité une femme, qui, à la
suite d'un panaris, avait entièrement perdu l'os de la troisième phalange d'un des doigts indicateurs. Le moignon
mou et charnu qui recouvrait l'extrémité de la seconde
phalange, était terminé par un petit ongle noirâtre
recourbé en forme d'*ergot*. Il est probable que dans ce
cas, les parties molles de la troisième phalange et la
matrice de l'ongle n'avaient point été totalement détruites. Lorsque la phalange unguéale a été enlevée, il
n'est donc pas très-rare de rencontrer un ongle rudimentaire sur la seconde phalange ; on a même vu se produire une apparence d'ongle sur la première phalange,
après l'ablation des deux autres. M. Diday a vu, chez une
vivandière qui avait eu quatre doigts détruits par congélation jusqu'au milieu de la deuxième phalange, un ongle
rudimentaire se développer sur chaque moignon avec sa
direction et sa densité normales.

Cependant, dans ces différentes circonstances, il est

rare que l'ongle nouveau possède toutes les propriétés de l'ongle normal ; et parmi ces propriétés il en est une surtout que l'on retrouve rarement sur les ongles de nouvelle formation : je veux parler de leur transparence. Celle-ci, en effet, ne se rencontre que dans les cas d'intégrité parfaite de la lame cornée et du derme sous-jacent. Ceci m'amène à parler des propriétés de l'ongle qui ont un certain intérêt au point de vue pathologique.

Et d'abord, leur état diaphane, qui permet d'apprécier les variations physiologiques ou morbides dans la couleur du tissu sous-unguéal. C'est grâce à cette transparence que nous constatons sur les ongles normaux la coloration blanche de la lunule, et la coloration rosée de la portion du derme située au-dessous. Chez le fœtus, la transparence des ongles laisse voir manifestement, à l'instant de l'accouchement : d'abord la couleur noire du sang qui circulait auparavant dans les artères, puis la couleur vermeille que lui donne subitement la respiration. Dans le choléra, les ongles deviennent livides et noirs ; dans un accès de fièvre intermittente, aux approches du froid fébrile, ils deviennent pâles d'abord, puis violets et même livides ; l'arrivée de la période de chaleur dissipe cet état des ongles. La pâleur, la lividité et même la couleur noire de l'ongle existent fréquemment avec les caractères de la *face hippocratique*, et les autres indices d'une mort prochaine. « Quod si, præter corporis, artuum que omnium gravitatem, ungues livent ac digiti, mors in propinquo est. » Hipp., in *coacis*.

Il est une autre propriété de l'ongle qui a un certain intérêt au point de vue pratique : dans l'un des nombreux modes de traitement de l'ongle incarné, on utilise *l'élasticité* de la lame cornée unguéale, pour la dégager des parties molles dans lesquelles elle a pénétré. On essaye de redresser l'ongle en glissant au-dessous de la portion qui s'incarne un bourrelet de charpie ou quelques lamelles

d'amadou. C'est dans le même but que Desault introdui-
sait une petite lame de fer-blanc entre l'ongle et les chairs,
tandis que Dudon, Vésigné, Labarraque, avaient recours
à des agrafes d'argent pour redresser les bords de l'ongle
sans agir sur les parties molles.

Disons maintenant quelques mots de la physiologie
proprement dite, des usages que l'ongle est appelé à remplir. Comme l'épiderme, les ongles protégent l'individu ;
les réactifs les attaquent difficilement, ce qui est une ex-
cellente condition pour une protection efficace. Mais,
outre le rôle d'organe protecteur, la lame cornée des ongles remplit des usages plus importants qui ont trait à
l'exercice du toucher et de la marche. Lorry (*De morbis
cutaneis*) avait déjà signalé le premier de ces usages
des ongles : « *Quam doctè natura apprehendentes digitos
unguibus formavit.*» Dans tous les traités de physiologie,
on dit également que les ongles ont pour usage principal
de concourir au perfectionnement du tact ; mais je n'ai
trouvé signalé nulle part le mécanisme de ce perfectionnement : il est probable que ce perfectionnement tient à ce
que, par le fait de la présence de la lame cornée , l'étendue en surface de la portion du derme qui est le siége
du tact, se trouve augmentée de toute la partie rouge du
derme sous-unguéal. Supposons, en effet, que les ongles
n'existent pas ; l'impression d'un corps extérieur se pro-
duira nécessairement sur les papilles de la pulpe compri-
mées entre l'objet et la phalange ; mais les papilles sous-
unguéales, dont le développement si considérable atteste
l'importance au point de vue de la sensibilité tactile ; ces
papilles , dis-je , n'étant pas soutenues en arrière par
l'ongle proprement dit, ne seront pas suffisamment ébranlées par le corps extérieur pour être le point de départ
d'une sensation tactile. Dans l'état physiologique, au contraire, la lame cornée , par le fait de sa résistance, force
non-seulement les papilles de la pulpe du doigt, mais

encore celles du derme sous-unguéal, à subir l'impression tactile. Ces papilles sous-unguéales sont, en effet, d'autant plus développées qu'on se rapproche davantage de l'extrémité libre de la lame cornée, c'est-à-dire des points où elle présente la plus grande résistance.

Quant aux usages que l'ongle remplit dans la marche, il est plus difficile de s'en rendre compte. La présence d'une lame cornée à la face dorsale des orteils a probablement pour but de maintenir étalée la pulpe de ces organes, et de conserver à notre base de sustentation sa forme et son étendue normales. Si, en effet, les ongles des orteils n'existaient pas, d'une part la pression sur le sol, d'autre part le tassement des orteils les uns contre les autres, ne manqueraient pas d'imprimer à la pulpe de ces organes la forme et les directions les plus bizarres. Il en résulterait une gêne notable pour prendre un point d'appui sur les orteils, comme cela a lieu dans le second temps de la marche.

La physiologie comparée nous montre que, dans la série animale, les ongles remplissent également ce double usage : perfectionnement du tact et de la marche. Ici, on les voit prendre des formes différentes, suivant qu'ils doivent remplir plus spécialement tel ou tel usage. Ainsi, ils ont une disposition très-favorable à la marche dans le sabot du cheval, de l'âne, de l'éléphant, etc. Chez le singe, au contraire, dont les doigts jouissent d'une grande facilité pour saisir et toucher les objets, les ongles prennent une forme plus ou moins aplatie qui rappelle celle des ongles de l'homme.

Ce qui prouve mieux encore ce double usage des ongles, c'est qu'ils manquent généralement aux doigts que les animaux n'emploient ni pour marcher, ni pour saisir les objets. On en a des exemples dans les ailes des oiseaux et dans celles des chauves-souris; cependant ces dernières, qui se servent quelquefois de leurs ailes pour se suspendre, présentent à cet effet sur le pouce un ongle crochu, tandis que les autres doigts sont privés de ces appendices cornés. La forme des ongles est tellement en rapport avec l'organisation des animaux, que l'on a divisé les mammifères en *ongulés* et en *onguiculés*; et cette distinction se trouve en quelque sorte représentée dans les autres systèmes d'organes par des différences corrélatives et constantes.

PATHOLOGIE DES ONGLES

AFFECTIONS DE CAUSE EXTERNE

Sous ce titre, je comprends : 1° les traumatismes, 2° les altérations consécutives aux blessures des nerfs, 3° les altérations professionnelles, 4° les affections parasitaires.

Rien de plus variable que les effets produits par les traumatismes de l'ongle ; et, sous cette dénomination, je comprends les contusions, les plaies, les brûlures, l'introduction d'instruments piquants et de corps étrangers au-dessous de l'ongle. Les contusions de la face dorsale de l'extrémité des doigts se propagent, à travers l'épaisseur de l'ongle, au tissu dermo-papillaire que ces organes recouvrent ; dans les cas légers, le malade en est quitte pour une ecchymose, un épanchement sanguin plus ou moins considérable. Cet accident ne présente aucune gravité ; mais il est intéressant de remarquer la lenteur avec laquelle se résorbent les ecchymoses sous-unguéales. Il n'est certainement aucun point du corps où la résorption des épanchements sanguins se fasse aussi lentement que sur le lit de l'ongle. J'ai pu observer plusieurs fois la persistance prolongée de ces épanchements ; dans un cas, j'ai vu une ecchymose sous-unguéale, de l'étendue d'une pièce de 20 centimes, persister pendant trois mois, et cela sans que la lame cornée ait subi la moindre altération. Lorsque la contusion est plus prononcée, l'ongle est ébranlé jusque dans sa racine ; il est en partie détaché de ses adhérences, et il se produit au-dessous de lui une abondante suffusion sanguine. La lame cornée s'arrête dans son développement et cesse de croî-tre, puis on voit apparaître au niveau de la lunule une mince lamelle de nouvelle formation , qui augmente peu à peu, soulève l'ongle malade, le détache des parties molles d'abord à sa partie postérieure, puis le pousse progressivement en avant, jusqu'à ce qu'il soit séparé du tissu sous-jacent. On voit alors l'ongle ancien tom-ber spontanément ou sous l'influence de la moindre traction, et être remplacé par une production cornée qui présente tous les caractères d'un ongle normal, à part toutefois un léger sillon transversal qui existe au niveau du point où l'ongle ancien et le nouveau se sont trouvés en contact pendant tout le temps que le dernier a mis à chasser la lame cornée malade. Lorsque le sillon a atteint l'extrémité libre du doigt et a été retranché, l'ongle nou-veau est parfaitement normal, et rien ne peut plus révé-ler la série des phénomènes morbides dont la contusion a été le point de départ : tout cela se passe sans que le malade éprouve la moindre douleur.

Les mêmes causes que nous venons de voir produire les contusions de l'ongle, peuvent aussi être le point de départ du *panaris unguéal*, vulgairement appelé *tour-niole*. Celle-ci diffère du panaris sous-épidermique ordi-naire par une circonstance fort importante : celle de la présence de la lame cornée, qui agit à la manière d'un corps étranger entretenant cette variété de dactylite beau-coup plus longtemps que cela n'a lieu dans les autres ré-gions du doigt, et pouvant amener deux complications très-fâcheuses qui sont loin, à la vérité, de se présenter dans tous les cas ; ce sont :

1° L'ulcération de la portion du derme qui constitue la matrice de l'ongle, 2° l'ongle incarné.

C'est ici le lieu de parler du *panaris sous-unguéal*, qui peut, lui aussi, être produit par les différents traumatismes de l'ongle. Mais disons de suite que cette variété de panaris est très-commune chez les ébénistes, et qu'elle survient presque toujours à l'occasion d'un très-mince éclat de bois qui pénètre entre l'ongle et les tissus sous-jacents. D'autres causes peuvent encore déterminer cette affection; et parmi ces causes, il faut citer la rupture de la matrice de l'ongle par l'ongle. Cette rupture se produit le plus souvent par l'action de causes qui tendent à arracher l'ongle, c'est la rupture par arrachement. Mais M. Chassaignac (*Traité de la suppuration*) a signalé un autre mécanisme de rupture qui est peu connu, et sur lequel, cependant, il est facile de se faire des idées justes, à l'aide d'une petite expérience que chacun peut répéter sur soi-même, et qui consiste en ceci : si, au moment où l'on exerce une pression sur la face dorsale de l'ongle du gros orteil, comme si l'on avait intention de le courber du côté de la face palmaire, on examine la peau très-mince qui correspond au bord adhérent de l'ongle, on remarque que cette portion de tégument blanchit à chaque pression et se soulève un peu, comme par un mouvement de bascule. Il suffit d'être témoin de ce phénomène, pour comprendre à l'instant même, que si la pression exercée sur la face dorsale est plus forte et plus brusque, et si l'ongle présente la dureté qu'on lui voit acquérir chez certains individus; la peau, au lieu de se soulever et de se distendre simplement, peut se déchirer d'une manière complète de la profondeur vers la surface, ce dernier résultat n'ayant lieu dès lors que coïncidemment à une rupture de la matrice de l'ongle. Il est encore une autre expérience qui prouve d'une manière directe la réalité de ce mécanisme de rupture. Prenez sur un cadavre un gros orteil pourvu d'un ongle dur et résistant, comme on est accoutumé d'en trouver sur beaucoup de malades des hôpitaux, fixez cet

orteil sur une table solide, assenez un coup de marteau
sur la face dorsale de l'ongle, tout près de l'extrémité de
son bord libre, et vous verrez la matrice unguéale se déchirer à la face dorsale, à très-peu de distance de la lunule.
Cette dernière expérience se répète pour ainsi dire jour-
nellement, dans une foule de circonstance où un corps
plus ou moins pesant vient s'abattre sur la face dorsale
de l'ongle du pouce ou de celui du gros orteil. Après
une violence de ce genre, deux choses peuvent arriver :
ou bien, la rupture de la matrice de l'ongle n'est pas complète, et l'on voit encore une pellicule presque exclusivement formée par l'épiderme, pellicule qui a du moins
l'avantage de préserver la matrice unguéale d'une mise à
nu fâcheuse ; ou bien, la rupture est complète, et la racine de l'ongle vient apparaître au dehors. Cette dernière
circonstance a des inconvénients plus graves qu'on ne
pense. En donnant accès aux causes d'irritation extérieure,
elle ajoute un degré de plus à l'inflammation qu'entraîne
de toute nécessité la rupture. La suppuration devient
dès lors inévitable. Or, la suppuration de la matrice unguéale est une affection très-longue et très-douloureuse,
contre laquelle on ne saurait trop se mettre en garde. Ceci
nous conduit à établir que dans les cas où la rupture de la
peau n'est pas complète, quel que soit le degré d'amincissement des téguments, on doit tout faire pour éviter que
la rupture ne s'achève ultérieurement ; on doit surtout
éviter avec le plus grand soin cette pratique populaire,
qui sous le prétexte de donner issue au sang épanché, ou-
vre la petite poche sanguine dont les parois étaient encore la seule protection contre les atteintes extérieures.
Dans les traités de chirurgie, on trouve des exemples
nombreux et remarquables, à l'appui de la différence qui
existe dans les suites ultérieures de la maladie, selon que
la pellicule est respectée ou qu'elle ne l'est pas. Chassaignac (*Traité de la suppuration*) raconte à ce sujet que,

dans un cas, où le couvercle très-pesant d'un pupitre
avait produit la déchirure de la matrice de l'ongle sans
rupture complète, le sang extravasé se résorba sans accidents. Dans un autre cas, au contraire, et chez un phar-
macien qui avait reçu un violent coup de pilon sur l'ongle
du pouce, la poche ecchymotique ayant été ouverte mal
à propos, une inflammation extrêmement violente s'empara de la matrice de l'ongle, il y eut fièvre, suppuration
prolongée, engorgement des ganglions axillaires, etc. Il est
donc évident que le plus grand service à rendre aux malades, en pareil cas, consiste à protéger avec soin la pellicule épidermique, quand elle existe, et à ne point extraire
le sang qui forme le thrombus de la matrice unguéale.
Aussi le mode de traitement qui réussit le mieux dans
ces cas consiste dans l'emploi du pansement par occlusion.
On emboîte le doigt dans une double cuirasse de ban-
delettes de sparadrap, les unes étant disposées dans le
sens longitudinal, les autres dans le sens circulaire.

Lorsque le panaris sous-unguéal reconnaît pour cause
l'introduction d'instruments piquants ou de corps étrangers sous l'ongle, on voit survenir vers la racine et sur
les côtés de la lame cornée de la rougeur accompagnée
d'une tuméfaction plus ou moins considérable ; le pus se
forme avec assez de rapidité et se dépose en nappe sous
l'ongle, à travers lequel on l'aperçoit facilement. Il fait
saillir le bourrelet charnu qui couvre la matrice unguéale,
et ne tarde pas à suinter sur les côtés de l'ongle qu'il
soulève. Alors celui-ci se détache, tombe, et laisse à découvert le derme sous-jacent ; bientôt il se reproduit,
quelquefois irrégulièrement, mais en général avec la
forme qu'il avait auparavant. Si la matrice unguéale a été
en partie désorganisée, soit immédiatement par la cause
externe, soit par la durée et l'intensité de l'inflammation,
l'ongle après sa chute ne se reproduit qu'imparfaitement.
D'autres fois l'inflammation est bien moindre, il n'y a pres-

que pas de douleurs, et la chute de l'ongle s'opère avec des phénomènes morbides à peine appréciables.

Il peut arriver que l'abcès sous-unguéal communique à l'extérieur par un sinus, sur le trajet duquel l'ongle est décollé d'avec le derme sous-jacent; ou bien l'abcès est circonscrit et clos de toutes parts. Dans le premier cas, l'abcès peut se guérir sans opération, dans le second il ne faut pas hésiter à inciser l'ongle pour donner issue à la matière purulente. Dans ce cas, on peut ouvrir l'ongle par amincissement successif, ou le diviser d'une manière franche perpendiculairement à son épaisseur. Ces deux procédés donnent une réussite à peu près certaine, pourvu qu'on ait soin de faire sortir complétement le pus que renferme la petite collection. Le pansement consiste ensuite dans l'application d'une petite cuirasse de sparadrap en forme de cloche. On pourra aussi imiter M. Chassaignac, auquel le drainage a permis de conserver l'ongle dans ces circonstances. Ce chirurgien raconte que chez une dame, qui s'était piquée sous l'ongle profondément et parallèlement à la lame cornée, on voyait, par transparence, une ligne blanchâtre qui s'étendait depuis une collection, située en arrière de la racine de l'ongle, jusqu'au niveau du bord libre de celui-ci. Prenant un trocart explorateur, M. Chassaignac lui fit parcourir le trajet de la ligne purulente, pour sortir de la profondeur vers la surface à travers la collection cachée derrière la racine de l'ongle. Un fil de caoutchouc, à drainage, fut conduit et mis en place au moyen de la canule du trocart. Une guérison prompte, sans aucune extension du décollement unguéal, fut la suite de cette manœuvre excessivement simple, quoique en apparence un peu minutieuse.

Tandis que sous l'influence des causes qui précèdent, nous venons de voir l'inflammation envahir le lit de l'ongle et produire le panaris sous-unguéal, nous allons

voir maintenant un traumatisme spécial de la région de
l'ongle déterminer, par un mécanisme particulier, l'*onyxis
latéral*, plus généralement désigné sous le nom d'ongle
incarné, ou rentré dans les chairs. Ce traumatisme spécial
a son point de départ dans des chaussures trop étroites,
qui, en comprimant l'ongle et son organe sécréteur,
déforment ces deux parties et finissent par amener l'incarnation de la lame cornée dans les parties molles. Les
chirurgiens n'ont que trop souvent l'occasion d'observer
les résultats fâcheux entraînés par l'usage de chaussures
trop étroites. Le pied est en effet l'un des points de
notre corps sur lequel la mode a le plus dirigé ses tor-
tures. Sans parler des Chinois qui estropient leurs femmes
dans l'étau de chaussures inflexibles, tantôt nous empri-
sonnons étroitement nos cinq orteils dans une pointe aiguë, tantôt nous supprimons les inégalités de leur longueur en coupant carrément la chaussure. Aussi n'est-il
pas rare de voir l'ongle incarné se produire chez ceux,
et les femmes en particulier, qui, poussés par une sotte
vanité, emprisonnent leurs orteils dans une bottine, dont
la petitesse contribue puissamment à l'élégance des
formes, mais au prix des désordres les plus grands ; en
effet, sous cette chaussure élégante se cachent : un pied
douloureusement comprimé, des orteils déviés de leur
direction normale, tassés les uns contre les autres et
souvent superposés. Les communautés religieuses, les
moines, à l'exception toutefois de ceux·qui marchent
pieds nus, paraissent avoir mieux compris que les gens
du monde les règles de l'hygiène relatives à la chaussure. Dionis faisait déjà remarquer autrefois que l'ongle
incarné ne se rencontrait pas dans les couvents de reli-
gieux déchaussés, où l'on porte des souliers très-larges.
C'est par le fait du rapetissement forcé des orteils que
l'on voit se produire, non-seulement le *tylosis*, cette
production épidermique si douloureuse, mais encore

l'ulcération rebelle qui constitue l'ongle incarné. Pour que ce dernier accident se produise, il ne suffit pas cependant que le pied soit emprisonné dans une chaussure trop étroite ; si cette condition était seule nécessaire, l'ongle incarné serait beaucoup plus fréquent chez la femme que chez l'homme ; il s'observe au contraire le plus souvent chez les ouvriers, parce que, chez eux, au refoulement de la pulpe des orteils par la chaussure, vient s'ajouter l'action de la marche forcée, ou d'un travail prolongé dans la station verticale. Quelques auteurs, refusant aux chaussures trop étroites le principal rôle dans la production de cette affection, ont fait remarquer : que l'ongle incarné a été décrit par les auteurs grecs ; que son traitement a préoccupé les arabistes Albucasis, Rhazès, Ali-Abbas ; et d'après eux, on ne peut invoquer à travers les siècles et chez tant de peuples divers, une cause toujours la même : la pression des chaussures, dont la forme et la nature ont été si différentes. Cet argument, plus spécieux que réel, n'a pas une grande valeur ; mais il n'en faut pas moins reconnaître que dans un certain nombre de cas, l'ongle présente, soit une déviation de sa direction, soit une incurvation anormale antérieures au développement de la maladie, et qui doivent être considérées comme la cause efficiente.

Quoi qu'il en soit, l'onyxis latéral ayant son point de départ dans une cause qui agit lentement et graduellement, revêt surtout une forme chronique. Il siége presque toujours au côté interne du gros orteil ; l'incarnation du bord externe et du bord antérieur de l'ongle est beaucoup plus rare.

C'est d'abord une douleur légère pendant la marche et disparaissant par le repos, qui annonce le début de l'affection ; puis survient de la rougeur, les chairs latérales se gonflent, recouvrent l'ongle et on constate quelquefois un petit abcès dans l'épaisseur du derme. Cet abcès une fois ouvert persiste sous forme de fongosités sanieuses. Les chairs ulcérées végètent, donnent lieu à une suppuration souvent rendue très-fétide par une abondante sueur des pieds. En général, l'inflammation reste limitée à la peau, et très-rarement elle se propage au périoste et aux os. L'ongle incarné a été quelquefois confondu avec d'autres affections ; on trouve dans Royer-Collard l'observation suivante : « Le marquis de C... souffrait depuis plus de huit ans de son gros orteil gauche ; il avait déjà consulté plusieurs médecins qui tous l'avaient traité pour une affection goutteuse. Depuis ce temps, C... avait épuisé tous les spécifiques connus contre cette maladie ; les douleurs cependant persistaient, et ne pouvant marcher, il consulta M. Dupuytren, qui reconnut aussitôt que l'ongle entré dans les chairs était la seule cause de tous les accidents, et que son avulsion les ferait cesser. L'opération délivra en effet le malade de la goutte et de tous les remèdes qu'elle lui avait valus depuis longtemps. » Il faut convenir que c'est là une erreur diagnostique des plus grossières et qu'un praticien attentif pourra facilement éviter.

La multiplicité des procédés opératoires successivement en honneur dans le traitement de l'ongle incarné témoigne de la sollicitude des chirurgiens pour cette affection toujours difficile à guérir, une fois que le lit de l'ongle est enflammé, fongueux, décollé de la couche cornée. L'interposition de quelques brins de charpie, ou d'un morceau d'amadou, ne suffit plus pour guérir la maladie arrivée à cette période : il faut alors recourir à une opération sanglante qui s'adressera, soit aux chairs fongueuses, soit à l'ongle lui-même, soit au derme qui sécrète l'ongle. Je ne veux pas insister sur les différentes méthodes et les nombreux procédés qui s'y rattachent : ce sujet est longuement détaillé dans tous les traités de chirurgie et de médecine opératoire. Je dirai seulement

quelques mots d'un procédé qui n'est pas encore entré
dans le domaine classique. M. Guyon a substitué à l'arrachement de l'ongle incarné, ou à la destruction des
parties molles par le bistouri ou le caustique, une opération qui permet d'arriver à la guérison, en laissant la
région malade dans des conditions qui se rapprochent
beaucoup de l'état normal. Le bourrelet de parties
molles sur lequel siége l'ulcération est, non pas enlevé,
mais déplacé et étalé. Pour cela, M. Guyon fait à chaque
extrémité de ce bourrelet deux incisions transversales,
qui sont ensuite réunies par une incision longitudinale.
Le bourrelet devient ainsi un lambeau quadrilatère, libre
par le côté qui correspond à l'incision longitudinale,
adhérent par le côté opposé, ayant une face supérieure
qui correspond au sillon ulcéré, une face profonde saignante. Le lambeau une fois taillé, on enlève sur l'orteil
un copeau de parties molles ; et on obtient ainsi une
autre surface saignante, sur laquelle on applique la face
profonde du bourrelet. Celui-ci est fixé à son côté externe par trois sutures métalliques ; il est ainsi tendu et
étalé, de façon que le sillon inférieur soit effacé entièrement. Le bord de l'ongle n'y exerce plus dès lors aucune
pression et l'ulcération se guérit d'elle-même. M. Guyon,
en 1862, a présenté, à la Société de chirurgie, un malade opéré avec succès par ce procédé. Pendant le cours
de cette année, M. Ed. Cruveilhier a employé le procédé
de M. Guyon chez deux malades dont il serait trop long
de rapporter ici l'observation détaillée : je dirai seulement que, dans ces deux cas, l'opération a été suivie de
la gangrène du lambeau. Le but du procédé, qui consiste
à conserver à la région malade une forme qui se rapproche beaucoup de l'état normal, n'était donc plus
atteint, et on arrivait après un temps assez long au résultat qu'aurait donné d'emblée la destruction des parties
molles par le bistouri ou le caustique. La gangrène du

lambeau est l'écueil de ce procédé ; on comprend qu'elle se produise assez fréquemment dans un tissu fongueux, chroniquement enflammé, et qui ne présente plus les conditions d'une vitalité suffisante pour une cicatrisation régulière.

Je dirai enfin quelques mots du procédé assez ingénieux de M. Seutin. Pour cet auteur, la chaussure habituelle comprime de chaque côté les orteils ; le gros orteil, plus fort que son voisin, prend le dessus et se superpose au second ; celui-ci résiste et pousse les chairs en haut, de là l'incarnation du bord externe de l'ongle. Dans ces cas, M. Seutin, après avoir coupé la portion d'ongle incarné, fait intervenir le second orteil, pour le forcer à guérir la maladie qu'il a causée. Il le ramène au-dessus du premier, et l'y maintient par quelques tours de bande. Il doit ainsi, en pressant de haut en bas sur les chairs exubérantes du gros orteil, les déprimer et les replacer dans leur état normal. Le malade, en faisant à l'extrémité de sa chaussure une large ouverture pour laisser passer le doigt ainsi relevé, peut marcher immédiatement après l'opération et retourner à son travail. Ce mode de pansement peut certainement rendre quelques services, mais la superposition du second orteil n'amène pas la guérison aussi facilement et aussi sûrement que le dit l'auteur. Car ce que disait au XVIe siècle le père de la chirurgie française est encore vrai aujourd'hui : « Il y a plusieurs ausquels les ongles entrent en la chair des orteils, qui leur donnent douleurs extrêmes ; et souventes fois on n'avance rien à couper l'ongle, car recroissant il fait le semblable mal. Et partant, pour la cure il convient de couper entièrement la chair où la portion de l'ongle se cache, ce que j'ay fait souvent avec bonne issue. » Le pansement de M. Seutin sera applicable aux cas légers, où il n'y aura ni déviation, ni déformation de l'ongle.

ALTÉRATIONS DES ONGLES CONSÉCUTIVES AUX BLESSURES DES NERFS.

Il est une classe très-intéressante d'altérations unguéales que je vais étudier après les précédentes, parce qu'elles ont aussi leur point de départ dans un traumatisme, non de l'ongle lui-même, mais des organes qui président à sa nutrition ; ce sont celles qui se rattachent aux affections cutanées symptomatiques d'une lésion des filets nerveux. Comme celle de toutes les autres parties de la peau, la nutrition de la substance cornée unguéale est liée à l'état d'intégrité des nerfs trophiques : ce qui le prouve, c'est qu'après avoir coupé le nerf sciatique sur des lapins, Steinruck a observé la chute des poils et des ongles, fait qui trouve son explication dans l'action des nerfs sur les vaisseaux. Les détails dans lesquels nous allons entrer ne permettent plus en effet d'accepter les conclusions que M. Brown-Séquard énonçait en 1849 à la Société de biologie, à savoir : qu'après la section du nerf sciatique, la perte des ongles dépend non pas d'un trouble dans la nutrition, mais bien du frottement des parties paralysées contre un sol rugueux et dur.

Tous les auteurs qui ont étudié la question de l'influence des blessures des nerfs sur les affections cutanées, et en particulier MM. Charcot, Tillaux dans sa thèse d'agrégation, Mougeot dans sa thèse inaugurale, s'accordent à reconnaître que nous ignorons actuellement les conditions directement nécessaires à la production des affections cutanées, après les blessures des nerfs. Ces dernières en effet sont loin d'être rares, et les lésions consécutives de la peau, celles des ongles en particulier, ne s'observent que dans des cas exceptionnels.

Les chirurgiens américains ont les premiers bien

décrit l'altération des ongles : on trouve à la page 81 du livre de Mitchell, Morehouse et Keen : « Quand le membre, après la blessure d'un nerf, est réduit à un véritable état cachectique par défaut de nutrition, les poils des doigts affectés tombent, et les ongles éprouvent une suite d'altérations remarquables. Il n'y a absolument que les ongles des doigts dont les nerfs ont été blessés qui soient malades. Cette altération des ongles consiste en une courbure suivant leur grand axe et une incurvation des parties latérales ; quelquefois il y a un épaississement de la peau à l'extrémité. D'autres fois, on voit survenir une modification toute particulière, et qui pour nous était nouvelle : La peau à l'extrémité de l'ongle contiguë à la troisième phalange se rétracta, et laissa presque à nu la matrice de cet ongle ; en même temps, le sillon formé par l'union de la peau et de l'ongle entra au-dessous ou en dedans de la partie mise à nu. Le malade qui présentait ces modifications d'une manière si évidente, avait aussi une incurvation latérale de l'ongle, et non une courbure suivant le grand axe. C'était un cas de souffrances atroces, il y avait des douleurs névralgiques brûlantes dans la main et dans l'avant-bras.

» La déformation des ongles dans la tuberculose n'est point semblable à celle qui a lieu dans les blessures des nerfs ; effectivement, nous pensons qu'il serait possible, pour quelqu'un habitué à voir ces cas, de diagnostiquer l'existence d'une blessure de nerf, d'après la forme bizarre de ces ongles incurvés.

» Quand les ongles des orteils ont été attaqués, ce qui arrive rarement, la courbure est moins marquée, mais une ulcération douloureuse peut se développer autour et les faire se briser souvent en dépit de tous les soins. Le meilleur remède est alors l'excision des bords externes de l'ongle, de la matrice ou de l'ongle en entier. Ce traitement a donné un grand soulagement à beaucoup de malades. »

M. le professeur Gosselin a observé dans son service, à la suite d'une section du médian, une ulcération à la face dorsale et à l'extrémité de l'index, ulcération qui a déterminé la chute de l'ongle. Hutchinson (*Medical Times*, 1863) a vu plusieurs fois, à la suite de lésions nerveuses, des panaris survenir aux extrémités des doigts, amener la chute des ongles, et forcer, dans un cas, à amputer la phalangette.

J'ai extrait des observations des chirurgiens américains les passages suivants relatifs aux altérations des ongles après les blessures des nerfs.

Hérans Veston fut blessé, le 5 mai 1864, par une balle qui entra trois pouces et demi au-dessus du condyle interne de l'humérus et sortit directement au-dessous de l'angle antérieur de l'aisselle. La balle passa sur les nerfs et lésa le cubital spécialement. Cinquante jours après la blessure, les troubles de nutrition sont très-marqués. Les ongles sont latéralement recourbés, la peau à leur base est rétractée ; à leur extrémité, la ligne d'union avec la peau est profondément entaillée. Le dos de la main est eczémateux et offre une teinte marbrée, etc...

Daniel Schively est atteint d'une balle qui brise la clavicule et vient sortir à la partie postérieure du bras droit : abolition de la motilité, engourdissement douloureux dans le membre ; après dix jours, la peau des doigts est tendue, brillante, eczémateuse à un remarquable degré ; *les ongles sont fortement recourbés.*

Kihain Grim reçut une balle qui lui traversa le tiers inférieur de la cuisse : six mois après, chaleur brûlante sur le haut du pied correspondant, eczéma sans amincissement de la peau, mais avec accompagnement d'*ulcérations sur les bords des ongles.*

Larrey (*Clinique chirurgicale*) cite un cas de blessure

d'un rameau du trifacial, avec des troubles de nutrition du système pileux du côté blessé, et des troubles variés du même côté du corps, parmi lesquels l'auteur signale *une forme raboteuse et crustacée des ongles*, et leur chute suivie bientôt de régénération ; en même temps que celle-ci avait lieu, il survint une diminution notable de tous les autres troubles fonctionnels.

Je dois à l'obligeance de mon collègue, M. Chevillon, l'observation suivante qu'il a recueillie dans le service de M. Tillaux à Bicêtre. Lorieux, âgé de soixante-deux ans, entre le 15 juillet 1866 à l'infirmerie chirurgicale de Bicêtre. Il y a environ trente ans que le malade a été atteint à l'avant-bras droit d'un éclat de verre qui a profondément pénétré. A la suite de cette blessure, les mouvements de flexion et de latéralité ont complétement disparu dans le pouce, l'index et le médius du côté correspondant. Les mouvements d'extension étaient conservés ; la sensibilité avait également disparu sur les faces palmaires et latérales des doigts paralysés. Le malade n'a pas tardé à s'apercevoir du développement, immédiatement au-dessus de la blessure, d'une tumeur grosse environ comme une noisette, tumeur douloureuse à certains moments et très-douloureuse à la pression. Aujourd'hui cette tumeur persiste et continue à être douloureuse, les doigts malades peuvent se fléchir volontairement ; cependant le malade a conscience de l'effort qu'il est obligé de faire pour exécuter ce mouvement. La sensibilité a reparu en grande partie. (Je laisse de côté les troubles de nutrition de la peau, pour arriver de suite aux altérations unguéales.)

Les ongles du pouce, du médius et de l'index offrent une déformation curieuse, surtout prononcée sur celui de l'index. C'est une incurvation de l'ongle suivant son axe antéro-postérieur, et un peu aussi dans le sens transversal. Le repli de la peau situé au niveau de la racine de l'ongle de l'index n'est pas lisse et uni comme du côté opposé ; l'ongle est comme déchaussé. Le malade affirme avoir vu apparaître ces altérations sept à huit mois après l'accident. Rien de semblable sur les ongles de l'annulaire et de l'auriculaire de la même main, et sur ceux des doigts de l'autre main.

Ces altérations, qui remontent à trente ans, ont eu leur point de départ dans une lésion du nerf médian, avec formation d'un névrome.

AFFECTIONS UNGUÉALES PARASITAIRES.

Parmi les altérations de cause externe, on doit ranger celles que subit la lame cornée des ongles par le fait de la présence de parasites végétaux. Dans le livre d'Alibert, à l'article *Dermatoses teigneuses*, on trouve ce qui suit : « Un accident qui mérite la plus grande attention des pathologistes, est l'altération qui survient quelquefois dans les ongles. Ce phénomène a été fréquemment observé par nous à l'hôpital Saint-Louis, et jadis par M. Pinel à l'hospice de la Salpêtrière. Murray (de Gœttingue) a aussi cité le cas d'une jeune fille atteinte d'une difformité remarquable, et de la décoloration de l'ongle du petit doigt de la main gauche : en coupant cet ongle avec un couteau, on en faisait jaillir une humeur glutineuse, semblable à celle qui s'échappait de sa tête, déjà infectée de cette suppuration faveuse. Plusieurs auteurs ont noté ce singulier phénomène, qui paraît avoir du rapport avec ce qui se passe dans le trichoma. »

Plus loin on lit également : « Le trichoma a ceci de commun avec la teigne qu'il n'attaque pas uniquement le cuir chevelu ; il se manifeste également dans les autres parties du corps qui sont pourvues de poils ; il s'introduit souvent jusque dans les ongles des mains et des pieds, particulièrement chez les individus qui sont chauves ; l'analogie de structure de ces organes avec les cheveux explique facilement cette dégénérescence. Ces organes s'épaississent et offrent beaucoup d'aspérités au toucher ; ils deviennent jaunâtres, livides, noirs ou quelquefois crochus ; cette altération des ongles n'arrive que très-longtemps après celle des cheveux et des poils. »

Les affections parasitaires de l'ongle ont pendant longtemps échappé à l'attention des observateurs modernes : MM. Gibert et Cazenave n'en font aucune mention ; Mahon le premier parla de cette singulière affection qu'il avait contractée lui-même en soignant des teigneux ; il la rapprocha du favus, mais n'en connut point la véritable nature. M. Bazin, dans son *Traité des affections parasitaires*, a donné le premier une bonne description de cette singulière altération des ongles. Il est rare, dit M. Bazin, de rencontrer des malades qui portent depuis longtemps de la teigne faveuse, chez lesquels on ne trouve pas d'altération des ongles, car le champignon inséré sous l'ongle occupe un terrain qui lui convient à merveille. Il est entre deux lames épidermiques dont la superficielle est très-dure et très-épaisse, il se trouve donc dans des conditions favorables à sa germination. Le favus unguéal peut bien n'être pas consécutif ; chez Mahon, il s'était montré de prime à bord sous la face profonde de l'ongle. Parmi les phénomènes qui annoncent la germination du parasite, on doit signaler surtout l'épaississement de la lame cornée unguéale ; en même temps, on aperçoit par transparence une matière sale, brunâtre : mais bientôt l'ongle jaunit et se flétrit dans une partie de son étendue ; les stries longitudinales deviennent plus apparentes, semblent s'écarter les unes des autres, quelquefois même les lamelles cornées se brisent. Assez souvent, des renflements, des nodosités, des tubérosités se forment, et dans ces divers points on observe un amincissement de plus en plus marqué, comme si l'ongle était progressivement usé par l'action du cham-- pignon sous-jacent. Après un temps assez long, la perforation de l'ongle est complète.

Cette altération qui coexiste le plus souvent avec le favus et a son point de départ dans la présence de l'*Achorcon Schœlennii*, a été observée aussi par M. Bazin dans certains cas de teigne tonsurante ; l'ongle était alors envahi par le *Tricophyton*. Quant au *Microsporon Audhouini*, M. Bazin n'a pas jusqu'à présent constaté sa présence au-dessous de l'ongle ; mais l'analogie nous porte à croire que le champignon de la pelade peut bien, lui aussi, se développer sur le lit de l'ongle.

Virchow, dans les *Archives de Berlin*, a consacré quelques pages aux affections parasitaires des ongles ; il les désigne sous le nom d'*onychomycosis*. Il a observé la présence des champignons dans les ongles chez deux individus différents ; il a pu étudier les pièces sur le cadavre, et poursuivre ainsi la marche et les transformations du champignon. La première observation est celle d'une femme morte d'un cancer du sein, et dont les ongles des orteils avaient subi la transformation gryphotique. L'un deux présentait une grande tendance à se séparer en feuillets, surtout en avant ; sur les côtés, l'ongle était légèrement enfoncé et séparé cependant du derme sous-unguéal par une couche assez épaisse. Cette couche était feuilletée, les feuillets se divisaient en lames blanchâtres alternativement opaques et transparentes. Dans les interstices, on trouvait des amas de *spores* et de *mycelium*. Les altérations de l'ongle du gros orteil de l'autre pied différaient un peu des précédentes. La conformation de l'ongle était à peu près la même ; la lame cornée était très-tuméfiée et présentait une grande tendance à l'exfoliation ; les bords étaient épais et supportés par une couche très-élevée. Dans différents points, entre les lames cornées et surtout latéralement, on observait des dépôts étendus en nappe, d'une couleur jaunâtre ; à la coupe, on voyait qu'il s'agissait là d'une substance qui s'était interposée entre les couches cornées et le derme sous-unguéal. Après avoir soulevé l'ongle jusqu'à la lunule, on observait à la face inférieure un nombre assez considérable de feuillets cornés mobiles, la masse jaune pénétrait entre les différents feuillets. Juste en avant de la lunule et vers la partie médiane de l'ongle se trouvait une masse de 2 à 3 millimètres de largeur sur 1 à 1 1/2 millimètre de hauteur ; cette masse ressemblait à des croûtes de teigne faveuse ; elle était sèche, pulvérulente, d'un blanc jaune sale, squameuse.

Tous les points jaunâtres étaient remplis de champignons, et il était facile de voir que ceux-ci avaient pénétré tout d'abord par les bords de l'ongle : qu'ils s'étaient ensuite avancés vers le milieu et en arrière, en pénétrant dans les interstices des lames cornées, pour aller former leur foyer principal à la partie antérieure de la lunule. Le champignon avait pénétré évidemment, grâce à la nature feuilletée de l'ongle, et cependant d'autres ongles du même pied présentaient un gryphosis très-marqué sans champignons. Les champignons représentaient donc dans ce cas une production essentielle, comme c'est le cas pour le porrigo, ou le pityriasis versicolor.

La deuxième observation est celle d'un homme mort de phthisie, et qui présentait des ongles courts et très-épais avec des masses considérables de champignons. Ces foyers de champignons avaient une teinte d'un gris rosé due sans doute à la malpropreté des doigts. Les champignons formaient également dans ce cas une masse située en arrière et entre les lamelles feuilletées. Cette masse avait la forme et le volume d'une lentille, elle était enveloppée par une couche d'épiderme, qui englobait une matière sèche, pulvérulente, d'un gris jaunâtre, composée en presque totalité par des spores volumineuses.

Virchow dit encore avoir observé un fait analogue sur l'ongle d'un gros orteil d'une vieille femme. La masse pulvérulente était si abondante qu'en soulevant l'ongle et en l'abaissant ensuite brusquement, on voyait jaillir une poussière très-fine. Cette poussière était formée par des spores très-petites et contenait peu de filaments. La description générale que Virchow a donnée de ces champignons se rapproche beaucoup de celle qu'avait donnée Meissner quelques années auparavant; du reste, l'auteur avoue qu'il ne sait pas si toutes les formes qu'il a observées appartiennent au même champignon. Il a constaté :

A. Un *mycelium* très-dense et très-abondant surtout dans le premier cas. Les filaments dont il était formé étaient très-déliés, incolores, à double contour, et composés par des éléments allongés dans lesquels on observait assez souvent, de distance en distance, des gouttelettes très-petites et transparentes. Les filaments présentaient des bourgeons latéraux, des ramifications et des anastomoses; à leur extrémité, on trouvait souvent un renflement arrondi.

B. Des spores très-fines et très-petites, à simple contour, à contenu transparent, et en nombre très-considérable. Ces spores étaient évidemment les germes du mycélium ; en étudiant leurs différentes transformations, on observait de ces germes qui présentaient un prolongement cylindrique ; d'autres qui passaient à l'état de filaments allongés. Sur certains points, on voyait des spores accumulées à l'extrémité d'un filament ; on eût dit qu'il s'agissait là d'une forme d'aspergillus.

C. Des filaments plus grossiers, assez larges, d'une teinte brune foncée, articulés, ramifiés et à renflement oval : ces filaments n'ont été observés que dans le premier cas, au milieu de lambeaux assez grands de mycélium.

D. Des filaments plus larges, incolores, formés par des articles très-courts, et supportant des spores assez volumineuses, disposées en ligne sur un collet court et aplati.

Traitées par l'eau ou par les alcalis, les spores semblaient homogènes ; l'iode colorait leur contenu en jaune brun foncé, tandis que le bord restait plus transparent.

M. le docteur Purser a inséré dans le *Journal scientifique de Dublin*, 1865, deux observations d'onycomy, cosis, dans lesquelles il étudie la formation du champignon. Il a reproduit, dans des planches qui accompagnent son travail, les résultats de l'examen microscopique. Le champignon observé dans le premier cas semble se rapprocher beaucoup de l'épiphyte de l'herpès circiné : le champignon observé dans le second cas était identique avec celui du favus.

Le premier malade avait été probablement contaminé par un chien atteint d'herpès tonsurant. Il s'était d'abord formé sur la face dorsale du pouce gauche une éruption vésiculeuse : quand cette éruption eut disparu, l'ongle devint malade ; l'altération débuta par la racine et sembla s'y concentrer, mais elle s'étendit bientôt à tout l'organe. On n'a pu trouver de causes dans la seconde observation.

J'ai vu, il y a quelques semaines, à la consultation de l'hôpital des Enfants, une petite fille qui présentait sur les régions frontale et pariétale gauches d'énormes croûtes de *favus squarreux.* Il existait en même temps sur plusieurs points du corps, et en particulier sur la face dorsale du poignet gauche, des godets isolés de *favus urcéolaire.* En examinant les ongles de la malade, je constatai l'altération suivante sur l'ongle de l'annulaire gauche : coloration sale, d'un jaune brunâtre, sur toute la moitié interne de la lame cornée : dans toute son étendue antéro-postérieure, perte de la transparence, sillons longitudinaux bien prononcés à ce niveau. La moitié externe de la lame cornée a conservé ses caractères normaux. La portion malade est dans toute son étendue complétement détachée du derme sous-jacent : aussi, j'ai pu l'enlever en totalité sans déterminer la moindre douleur. Au-dessous d'elle, il existe à la surface du derme une poussière brune, qui, sous le champ du microscope, a présenté une infinité de spores de favus.

En traitant la lame cornée malade par une solution de potasse à 40 pour 100, j'ai observé la dissociation des cellules cornées, et j'ai pu constater qu'elles étaient pour la plupart envahies par les spores. Celles-ci existaient également en grand nombre dans l'intervalle des cellules, en même temps que des tubes volumineux de mycélium.

ALTÉRATIONS UNGUÉALES PROFESSIONNELLES.

La gale des épiciers, l'eczéma des boulangers, etc., constituent une classe spéciale d'affections, à laquelle on a donné le nom d'*affections cutanées artificielles*. Comme le reste du tégument, les ongles présentent toute une série d'altérations auxquelles je donnerai l'épithète de professionnelles.

Comme celles de la peau, les affections artificielles de l'ongle pourront être subdivisées en *affections provoquées de cause interne*, et en *affections provoquées de cause externe*.

Les premières sont peu nombreuses :

Sous l'influence de l'absorption du nitrate d'argent, après un temps variable et que l'on ne peut préciser, la peau change de coloration : c'est d'abord une teinte ardoisée analogue à celle du mulâtre, puis une couleur brun olivâtre et tout à fait noire. Le phénomène est toujours plus accusé sur les parties découvertes, et les ongles participent à la teinte générale. Cette coloration, qui serait due à la réduction du sel d'argent à l'état d'oxyde, sous l'influence de la lumière, persiste le plus souvent et résiste à tous les moyens dirigés contre elle.

L'administration interne de l'indigo produit une coloration bleue des ongles : cette affection est moins grave que la teinte ardoisée du nitrate d'argent, et comme elle se manifeste tout d'abord par des signes qui frappent, il est toujours possible d'en arrêter à temps les progrès en supprimant la médication.

Chez les individus exposés aux émanations plombiques, les ongles deviennent noirs dès qu'ils sont mis en contact avec une préparation sulfureuse quelconque.

Quant aux affections provoquées de cause externe, elles seront mieux dénommées par le mot : altérations professionnelles. On sait en effet que la main et ses dépendances payent constamment et presque fatalement le tribut et le large impôt des services qu'elle rend à l'industrie. Je ne veux ici m'occuper, dans l'étude des altérations professionnelles de la main, que de ce qui a trait aux ongles; je veux faire en un mot, si je puis m'exprimer ainsi, l'histoire médico-légale des ongles des ouvriers et des artisans. La médecine légale est en effet particulièrement intéressée à l'étude de ces altérations; les questions d'identité seront, dans certains cas, singulièrement élucidées par l'exposé et la discussion des altérations unguéales contractées pendant l'exercice des professions et industries variées.

Les altérations professionnelles des ongles consistent : 1° en des colorations de diverses natures; 2° en usures générales ou partielles; 3° en développement accidentel volontaire, nécessaire à l'exercice de la profession.

Les colorations anormales de l'ongle accompagnent souvent des colorations analogues de la peau des mains, mais pas constamment, et dans bien des cas l'ongle a une teinte qui n'est pas celle de la peau. Je vais citer ici quelques exemples de ces colorations morbides des ongles; je les emprunte au mémoire si intéressant et si complet que M. Vernois a inséré dans les *Annales d'hygiène* de 1862 (Déformations de la main chez les ouvriers).

L'ongle est coloré en brun bistre (acide formique) chez les chercheurs de fourmis; en brun noirâtre, chez les ébénistes; en brun très-noir, chez les casseuses ou écaleuses de noix; en rouge acajou, chez les fabricants d'acide azotique et d'azotate d'argent. Les tanneurs et les corroyeurs ont les ongles d'un rouge sombre; l'acide picrique, chez les préparateurs de toiles pour fleurs artificielles, colore les ongles en jaune. Ils sont jaune brun chez ceux qui manipulent le tabac; ils ont la couleur bleue de l'indigo, jaune ou rouge des ocres, dans les fabriques ou entrepôts de ces matières.

De cette altération dans la couleur, je rapprocherai une autre modification intéressante au point de vue du diagnostic de la profession des individus : c'est celle qui est produite par la présence de substances diverses dans le pli sous-unguéal, à savoir : la présence du soufre et du charbon sous l'ongle des fabricants de poudre; celle de corps gras solides dans le pli sous-unguéal des garçons bouchers, des coiffeurs, des cuisiniers, etc.; celles de matières organiques animales, chez les vidangeurs et les palefreniers, etc., etc. Notons encore que chez les marchands de marrons rôtis, les ongles participent à la coloration du bout des doigts, et le pli sous-unguéal est rempli par une grande quantité de poussière noire. C'est au contraire une poussière fine et brillante que l'on rencontre au-dessous des ongles des ouvrières en fleurs diamantées avec le verre.

L'usure ou la destruction terminale plus ou moins prononcée des ongles se remarque : chez les vieilles blanchisseuses de grosses lessives; chez les blanchisseuses de tissus (ongle du pouce et de l'index des deux mains);

chez les boyaudiers (ongles de la main gauche qui tient
le paquet de boyaux); chez les bijoutiers graveurs (pouce
droit); chez l'écosseuse de pois (angle externe de l'ongle
du pouce droit); chez la dentellière (à l'index de la main
droite); chez l'horloger (bord interne de l'ongle du pouce
et externe de celui de l'index gauche); chez les paque-
teuses-pileuses (moitié interne du bord libre des ongles
des trois derniers doigts de chaque main); chez les tein-
turiers, selon les sels employés, à tous les doigts : les
acides et les alcalis caustiques attaquent en effet les ongles,
les disssolvent; c'est là du reste tout le secret des pâtes
destinées à les amincir et à leur donner plus de transparence. Chez les cordonniers, outre l'enduit noir et pois-
seux des ongles, on remarque que celui du pouce gauche
est considérablement épaissi, dur, son bord libre est dentelé, éraillé, rayé, et parfois profondément sillonné par
les coups d'échappement de l'alêne.

Chez les tailleurs de pierres, on voit dans certains cas
survenir une altération des ongles, qui n'a été jusqu'ici,
que je sache, signalée par aucun auteur. Chez ces ouvriers, les parcelles calcaires irritent la peau des mains,
l'enflamment chroniquement, l'épiderme est cassant, fendillé, la membrane papillaire devient épaisse et se couvre
de plaques lichénoïdes; chez quelques-uns de ces individus, les ongles subissent une altération spéciale dont je
vais essayer de donner une idée en quelques mots : j'ai
vu, cette année, dans le service de M. Bazin, un malade
chez lequel la profession de tailleur de pierres avait été
le point de départ d'un eczéma traumatique de la paume
des mains. Il existait en même temps une altération des
ongles désignée par M. Bazin sous le nom d'eczéma
unguium de nature traumatique. Cette variété de l'eczéma
des ongles n'a du reste aucune analogie avec celle que je
décrirai, en parlant de l'eczéma de cause interne. Ici,
c'est une dissociation des lamelles de la substance cornée;

un amincissement, une véritable usure qui dispense le
malade de se couper les ongles. Sur plusieurs doigts,
l'usure de la lame unguéale est exagérée, au point que le
derme sous-jacent, dans toute sa moitié antérieure, n'est
plus recouvert que par une couche très-mince de substance cornée. La moitié postérieure de l'ongle est seule
intacte, tandis que dans toute sa moitié antérieure il est
détruit irrégulièrement par la dissociation et l'exfoliation
traumatiques.

L'excès de développement professionnel se remarque
surtout : chez la dentellière (index gauche), chez l'horloger (pouce droit très-éraillé), chez le courtier en indigo
(ongle du pouce droit). La cause de ces modifications
existe : pour l'usure, dans l'action de certains acides ou
alcalis, dans les frottements répétés, dans la destruction
mécanique de l'ongle par un instrument ; pour l'excès de
développement, dans l'usage nécessaire d'un grand ongle
chez la dentellière pour arracher les épingles du tambour;
chez l'horloger, pour ouvrir la boîte de ses montres;
chez le courtier en indigo, pour écailler l'angle des
pains.

Tous ces détails, qui pourraient paraître futiles au premier abord, ont dans certains cas une importance réelle
qui m'a engagé à les reproduire ici : en effet, toutes ces
modifications subies par l'ongle ont une signification
bien caractéristique; l'usure spécialisée, le développement laissé à l'excès sur un seul ongle, et la coloration
permanente surtout, sont au nombre des éléments les
plus constants qui permettent d'apprécier la nature de la
profession, ou de la cause qui a déterminé ces lésions;
ajoutées aux altérations du derme, elles acquièrent une
grande valeur ; par exemple, chez les préparateurs de
toiles artificielles au moyen de l'arséniate de cuivre, la
coloration jaune des ongles, la croûte verdâtre qui remplit la cavité sous-unguéale, rapprochée des ulcérations des

doigts et de la teinte des plis de la peau des mains et des avant-bras, ne saurait permettre l'erreur à un œil exercé.

Pour terminer ce chapitre des altérations professionnelles, je dirai : qu'un ancien interne en pharmacie des hôpitaux de Paris, M. Hilairet, a consacré dans sa thèse inaugurale (Thèses de Paris, 1866), tout un long chapitre à l'étude des altérations des ongles qui surviennent chez les ouvriers employés à la fabrique de céruse de Clichy, altérations que M. Hilairet s'étonne de n'avoir vues signalées avant lui par aucun auteur, altérations que M. Hilairet a, suivant moi, consciencieusement observées, mais qu'il a fort mal interprétées. Voici, du reste, ce qu'il a dit : Les ouvriers de Clichy, et en particulier ceux qui travaillent au *tamisage* et l'*embarillage*, travaux qui produisent beaucoup de poussière, ces ouvriers, dit M. Hilairet, auraient l'habitude, en entrant dans les ateliers, de quitter leurs chaussures pour porter de vieilles pantoufles, qui laissent facilement passer la poussière plombique et lui permettent de s'accumuler dans le sillon rétro-unguéal, où sa présence détermine d'abord des altérations et ensuite la chute de la lame cornée. Ces altérations ne s'observeraient que sur les ongles des pieds, parce que les ouvriers se lavent les mains plusieurs fois par jour avec du savon noir, tandis qu'ils ne se lavent les pieds qu'une fois par semaine. M. Hilairet a observé dans les hôpitaux un certain nombre d'individus atteints de colique de plomb, et qui, après avoir travaillé à Clichy pendant un temps quelquefois très-court (un mois à peine), auraient vu les ongles de leurs orteils devenir cassants, se couvrir de rainures profondes, puis tomber tout à fait. D'après M. Hilairet, ces altérations seraient assez fréquentes pour que plusieurs des ouvriers qu'il a observés, aient été, dès leur entrée à la fabrique, prévenus par leurs camarades de la possibilité de cet accident. Au dire de l'auteur, ces altérations unguéales ne pourraient être attribuées qu'à

la présence de la poussière plombique : car les ouvriers
qui les ont présentées n'avaient jamais éprouvé de douleurs au niveau des ongles malades, et ils avaient toujours
porté des chaussures très-larges, ne gênant pas la marche. Cette singulière altération des ongles, qui n'a été
jusqu'ici en effet signalée que par M. Hilairet, m'a paru
assez extraordinaire pour m'engager à vérifier les faits
rapportés par l'auteur. Je suis allé à la manufacture de
Clichy, et je me suis adressé au médecin de cet établisse-
ment, M. Massart, qui lui aussi a partagé mon étonne-
ment et s'est engagé à me donner des renseignements
sur ce sujet. Voici en effet ce qu'il m'écrivait quelques
jours après ma visite :

« Médecin de la fabrique de Clichy depuis vingt ans, je
n'ai jamais observé chez les ouvriers les altérations unguéales dont parle M. Hilairet. Je viens d'examiner tous
les ouvriers actuellement dans la maison, et dont plusieurs
y sont depuis de longues années, ils ne présentent aucune
altération des ongles, et *n'ont jamais entendu personne
de leurs camarades se plaindre de cet accident*. De plus,
on n'a jamais toléré qu'un ouvrier travaillât les pieds nus,
ou, comme le dit M. Hilairet, avec de vieilles pantoufles.
Je viens de me renseigner sur les individus signalés dans
la thèse en question, et il a été reconnu, après le plus
scupuleux examen des livres d'entrée et de sortie, que
quelques-uns n'ont jamais été employés de la fabrique, et
que la plupart des autres en sont sortis pour toute autre
raison que la maladie. »

Ces renseignements d'un homme aussi bien placé que
M. Massart pour trancher cette question nous prouvent
suffisamment que les assertions de M. Hilairet n'ont aucune valeur, puisque les renseignements que lui ont donnés
ses malades étaient complétement faux, et qu'il est de
toute évidence qu'ils ont cherché à le tromper.

Quelle était la cause des altérations et de la chute des

ongles dont parle M. Hilairet? La profession de cérusier
ne pouvant plus entrer en ligne de compte, il faut ratta-
cher ces accidents à une cause générale : l'auteur a ou-
blié de nous dire si les malades qu'il a observés n'étaient
pas en puissance de syphilis ; ce qui me fait dire qu'il a
eu tort de négliger ce renseignement, c'est que les altérations qu'il signale ont tous les caractères de ce que je
décrirai plus loin sous le nom d'*onyxis syphilitique à
forme sèche*. De plus, chez la plupart d'entre eux, en
même temps que l'altération des ongles, l'auteur signale
une *alopécie* bien prononcée, ce qui est encore une pro-
babilité en faveur de l'existence d'une syphilis constitutionnelle. L'erreur de M. Hilairet me paraît donc avoir
son point de départ : d'abord, dans les renseignements
trompeurs que lui ont donnés ses malades, et ensuite
dans la manière incomplète dont il les a examinés.

ALTÉRATIONS DES ONGLES DE CAUSE INTERNE.

Je vais d'abord examiner les altérations de l'ongle qui
se produisent dans les maladies caractérisées par un
trouble de la nutrition, les *pyrexies* en particulier.

Avant l'intéressant mémoire de Beau, auquel j'ai em-
prunté une grande partie des détails que je vais citer,
Reil avait déjà décrit l'altération des ongles dont je m'occupe en ce moment dans un article intitulé : « Unguium
vitia in convalescentibus a febre maligna, observata. »

Certaines maladies laissent à leur suite des stigmates
qui sont plus ou moins apparents et qui restent comme
le cachet irréfragable de l'existence antérieure de ces
maladies. Dans certains cas, ces stigmates sont indélébiles,
ainsi les cicatrices des abcès scrofuleux à la région du
cou, ainsi les vergetures de l'abdomen et de la partie su-

périeure des cuisses chez ceux qui ont subi une distension mécanique de la cavité abdominale, ainsi encore les marques si caractéristiques de la variole. D'autres fois les lésions matérielles que certaines maladies laissent à leur suite, ne sont pas durables et se dissipent après un certain temps, témoin l'alopécie temporaire qui suit quelquefois les fièvres graves. Il en est de même des ongles, dont la chute peut être souvent observée dans les mêmes circonstances que celle des cheveux. Ils repoussent également au fur et à mesure que la matrice unguéale rentre dans ses fonctions de sécrétion.

Je suis heureux de pouvoir ici m'appuyer sur l'autorité de mon excellent maître de l'École de Nancy, M. Léon Parisot; voici ce qu'il m'écrivait à propos du sujet qui m'occupe en ce moment :

« Les ongles comme l'épiderme sont un miroir qui réfléchit fidèlement les grands troubles que les pyrexies et les maladies constitutionnelles jettent dans notre organisme; et le : Montre-moi ton ongle et je te dirai qui tu es, traduit fidèlement ma pensée. J'ai vu, ajoutait-il, à la suite d'une fièvre typhoïde grave survenue chez un élève de Saint-Cyr, tous les ongles des orteils devenir minces et cassants; le sillon dans lequel ils sont enchâssés était le siége de pustules d'ecthyma qui amenèrent des ulcérations, puis la chute des ongles; ces derniers ne commencèrent à pousser normalement que lorsque la constitution fut raffermie, c'est-à-dire au bout d'un an. »

Mais beaucoup de maladies qui ne sont pas assez graves pour entraîner la chute des ongles, ont assez d'influence sur leur sécrétion pour l'enrayer plus ou moins, de telle sorte qu'il en résulte des sillons et des dépressions qui restent sur les ongles pendant un certain temps comme des signes rétrospectifs de la maladie d'où ils émanent.

Voyons d'abord les caractères physiques de ces dépressions : Les sillons sont placés transversalement sur la face dorsale de l'ongle, leur profondeur varie beaucoup, quelquefois ils sont constitués par une dépression très-légère, d'autres fois ils occupent la presque totalité de l'épaisseur de l'ongle. En général, ils sont plus marqués sur la partie médiane de la lame cornée ; en général aussi, ils sont d'autant plus marqués que l'ongle est plus gros. Aussi faut-il les chercher à peu près uniquement sur l'ongle du pouce, car ils y sont toujours plus marqués que sur les ongles des autres doigts. Tantôt leur étendue affecte la totalité du diamètre transversal ; tantôt, et cela lorsqu'ils sont peu profonds, ils occupent seulement la partie moyenne de ce diamètre, et de là ils s'effacent à mesure qu'ils s'éloignent de la partie médiane de l'ongle. Leur largeur, qui peut, dans certains cas, n'avoir qu'un demi-millimètre, occupe quelquefois presque toute l'étendue de la lame cornée. Les bords de la dépression peuvent se fondre insensiblement avec la face dorsale de l'ongle ; d'autres fois ils sont taillés brusquement, coupés à pic ; quelquefois un bord est brusquement coupé, tandis que l'autre ne l'est pas. On trouve ces sillons en différents points de la face libre de l'ongle, près du bord postérieur, vers la partie moyenne, etc., suivant le temps qui s'est écoulé depuis la maladie sous l'influence de laquelle ils se sont formés. Si l'on connaît à l'avance la loi du temps qui préside à l'accroissement et au mouvement de génération des ongles, il sera facile non-seulement de savoir à quelle époque a existé la maladie qui a produit les sillons, mais on pourra, en considérant leur largeur, déterminer assez justement la durée de la maladie elle-même. En pratiquant, comme je l'ai fait, une marque indélébile à l'ongle avec le nitrate d'argent, et en observant de combien la lame cornée s'avance vers le bord libre dans un temps donné, on remarque que la loi d'accroissement est la même pour les ongles de tous les doigts ; tous croissent d'un millimètre par semaine. L'accroissement des ongles des orteils est soumis aussi à une loi qui ne varie pas pour chacun d'eux; mais j'ai pu me convaincre qu'il est quatre fois moins rapide que celui des ongles des doigts, puisqu'il est seulement d'un millimètre toutes les quatre semaines. Ce fait anatomique, pour le dire en passant, cadre à merveille avec l'observation clinique des plaies du pied, qui, toutes choses égales d'ailleurs, se cicatrisent avec beaucoup plus de lenteur que celles des mains; il est permis en effet d'assimiler entre elles la force végétative de la cicatrisation des plaies avec celle de la sécrétion des ongles. L'ongle du pouce qui, sur un homme adulte, a environ 20 millimètres de longueur, y compris sa racine, mettra cinq mois environ pour faire son évolution complète : celui du gros orteil, qui a environ 24 millimètres, mettra deux ans pour faire la même évolution. Cette loi d'accroissement pour l'état de santé peut encore, dans certains cas, être considérée comme vraie pour l'état de maladie. Dans l'état de maladie, en effet, les ongles croissent un peu moins en longueur que dans l'état de santé; mais cette différence est si peu appréciable que Beau, dans son mémoire, a dit que les ongles poussent de la même quantité lorsqu'on est malade que lorsqu'on se porte bien. Dans certaines maladies pourtant, dans la fièvre typhoïde en particulier, maladie essentiellement caractérisée par un arrêt dans le mouvement de composition et de décomposition moléculaires continues, la production épidermique reste stationnaire, les ongles cessent de croître tant que la maladie reste dans sa période d'état. Ce n'est que vers le troisième septénaire, alors que la nutrition jusqu'alors enrayée tend à se rétablir, alors également que l'individu maigrit rapidement parce que les fonctions digestives languissantes ne peuvent suffire à la réparation, ce n'est qu'à cette époque que les ongles recommencent à pousser.

Mais chez cet individu malade, et dont la nutrition se

fait en grande partie aux dépens de sa propre substance
à cause de l'insuffisance de l'assimilation, la génération
des ongles est surtout affectée dans la quantité de matériaux sécrétés par la matrice unguéale. Ces matériaux sont
moins abondants, de là résulte la formation des sillons et
des dépressions. Dans certains cas, on observe deux et
trois sillons sur un ongle, séparés par des espaces plus ou
moins considérables. Ces sillons répondent à autant d'états
morbides de la même espèce, ou de nature différente,
dans l'intervalle desquels la santé était à l'état normal.

Puisque la *fièvre typhoïde* est une maladie qui peut
entraîner la chute complète des ongles, il est tout naturel
de la compter en première ligne parmi celles qui déterminent les sillons que nous avons décrits. Nous ajoute-
rons à la fièvre typhoïde les autres pyrexies, les différentes
phlegmasies et toutes les affections dans lesquelles il y a
diminution ou arrêt dans la nutrition interstitielle de
l'individu malade. Au dire de Beau, les sillons ou dépressions des ongles se montreraient à la suite de différentes
causes morales qui ont profondément influencé les fonctions digestives. Les quelques jours d'alitement et de
diète qui suivent l'accouchement suffiraient souvent,
d'après le même auteur, pour laisser des traces sur les
ongles, et cela en dehors de toute maladie puerpérale
sérieuse. Inutile de dire que les sillons seront d'autant
plus marqués, que l'affection dont ils dépendent sera
plus grave. Lorsque celle-ci est légère, il est nécessaire
qu'elle se montre brusquement pour que le sillon soit
suffisamment apparent. Si le passage de l'état de santé
à celui de maladie légère se fait graduellement, on aura
une dépression à bords si insensibles qu'elle n'existera
pas à proprement parler.

Ces sillons des ongles ont une valeur séméiologique
rétrospective, intéressante à étudier. Ils peuvent fournir
des indices sur la nature ou l'intensité de la maladie

passée, sur l'époque de son existence, sa durée, son mode
d'invasion et de terminaison. Si certaines affections ont
pour résultat d'entraver tellement la sécrétion de la matière des ongles, qu'il y ait solution de continuité complète dans les matériaux sécrétés, c'est-à-dire qu'il y ait
chute de l'ongle, on comprend facilement que plus la
maladie sera grave, plus le sillon sera profond. L'é-
poque à laquelle la maladie aura eu lieu sera dénotée
par le lieu de l'ongle où se trouve le sillon ; puisque l'ongle du pouce avance d'un millimètre par semaine, pour
connaître l'époque de l'existence de la maladie, il faudra
compter autant de semaines qu'il y a de millimètres entre
le sillon et le bord postérieur de l'ongle. Pour avoir une
évaluation exacte, on devra se rappeler que le bord postérieur se trouve situé à 3 millimètres environ plus en
arrière que le rebord épidermique qui limite la face
dorsale de l'ongle, à sa partie postérieure. Puisque l'ongle
du pouce met cinq mois à faire son évolution complète,
il s'ensuit que les sillons ne pourront jamais fournir
d'indices sur une époque antérieure à un laps de temps de
cinq mois. Les sillons de l'ongle du gros orteil donneront
des indices qui pourront remonter à deux années. Malheureusement les observations rapportées plus loin prouvent
que ces lois mathématiques établies par Beau ne sont pas
applicables à tous les cas.

La largeur du sillon donnera des indices sur la durée
de la maladie ; un sillon sur l'ongle du pouce et large
d'un millimètre indique une maladie qui a duré une
semaine : un sillon d'une semblable largeur sur l'ongle
du gros orteil indique une maladie qui a duré un mois.
Beau a vu une jeune fille de quinze ans, affectée de fièvre
hectique et d'infiltration purulente du bassin à la suite
d'un accouchement : cette fièvre a fait mourir la malade
après deux mois de durée ; à la mort, on voyait sur les
ongles des pouces un large sillon, ou plutôt une dépres-

sion qui affectait toute leur moitié postérieure. Chez un individu qui avait été atteint l'année précédente d'une fièvre typhoïde de *deux mois de durée*, Beau n'a trouvé aucune trace de la maladie sur les ongles des doigts qui avaient eu le temps de se renouveler ; mais les ongles des orteils présentaient chacun un sillon profond *large de 2 millimètres*, situé à 5 millimètres de leur bord postérieur apparent et à 10 millimètres de leur bord postérieur réel ; au gros orteil, en effet, la racine de l'ongle est cachée par la matrice dans une étendue de 5 millimètres.

Il n'est pas jusqu'au mode d'invasion et de terminaison de la maladie productrice qui ne puisse être établi par la considération des sillons. Si les deux bords de la dépression sont brusquement accusés et comme taillés à pic, on pourra conclure que la maladie s'est montrée brusquement, et qu'elle s'est terminée de même. Si au contraire ces bords sont peu saillants, on y verra l'indice d'une transition graduelle entre l'état de santé et celui de maladie. Il est bien entendu que le bord antérieur du sillon se lie au début de la maladie, et le bord postérieur à sa terminaison.

Mais, disons-le, il ne faut pas croire que toute maladie aiguë, survenant d'une manière brusque et présentant une certaine intensité, donne infailliblement lieu aux sillons des ongles. Dans un bon nombre de cas, la nutrition de l'ongle est indépendante de l'influence morbide. Malgré ces cas exceptionnels, les altérations de l'ongle dont je viens de parler n'en ont pas moins une importance réelle ; d'ailleurs pourrait-on citer une seule loi pathologique pure de toute exception.

Cette étude des sillons des ongles jette souvent des lumières sur l'état antérieur d'un malade que l'on examine pour la première fois. Les questions que l'on fait à ce sujet aux différents individus que l'on interroge, et auxquelles ils n'ont à répondre que par un *oui*, produisent chez eux une stupéfaction bien facile à concevoir. Les sillons des ongles peuvent aussi avoir en médecine légale une grande importance ; si en effet un accusé avait quelque intérêt à cacher l'existence d'une maladie qui aurait laissé des sillons sur les ongles, ceux-ci pourraient servir à fixer l'époque de la maladie, sa durée et ses autres circonstances.

J'ai trouvé consignés dans la *Gazette des hôpitaux de* 1860 deux cas d'altération des ongles dans les maladies aiguës. Ces observations ont d'autant plus de valeur, qu'elles ont été recueillies par des médecins sur eux-mêmes :

M. le docteur Soufflet (de Paris) écrit la lettre suivante au rédacteur du journal : « Le 15 juillet 1859, je fus atteint d'un embarras gastrique dû, sans doute, à des excès de fatigues et de veilles qui avaient amené l'épuisement des forces ; cet état, combattu par les moyens ordinaires, fut suivi pendant un mois d'une telle prostration, qu'on craignit de me voir succomber à une dyspepsie des plus rebelles, liée à un état chronique de l'organe respiratoire. Telle était la crainte de mon confrère et ami M. A. Richard. Enfin, les fonctions digestives se ranimèrent dans les premiers jours de septembre, je revins à la santé : je remarquai alors à l'origine de chaque ongle, surtout aux pouces, un sillon transversal, déprimé, intéressant presque toute l'épaisseur de l'ongle et plus enfoncé au centre. Dans ces points, se détachaient en avant de petites lamelles. Pour abréger l'observation : le 14 novembre, ce sillon atteignait la limite postérieure du deuxième tiers de l'ongle ; vers la fin de janvier, il entrait dans le tiers antérieur, et c'est entre le 4 et le 12 avril 1860 que, successivement, chaque sillon disparut sous les ciseaux au niveau du bord libre de l'ongle. »

M. le docteur Randon (de Saint-Jean de Brual), atteint d'une pneumonie suraiguë du lobe inférieur du poumon droit, est entré en convalescence le 22 mai 1860, après seize jours de maladie. Au mois de septembre, les sillons, marqués surtout sur les ongles des pouces, n'ont pas encore atteint l'extrémité libre de la lame cornée ; le sillon se trouve à 12 millimètres de la matrice, et l'ongle a une étendue totale de 18 millimètres. Aux pieds, les sillons, très-reconnaissables aux gros orteils, n'ont pas même atteint la moitié de la longueur de l'ongle.

Ces deux observations, où nous voyons les sillons persister sur les ongles des mains pendant huit mois dans le premier cas, et pendant plus de cinq mois dans le second, nous prouvent que la nutrition est moins active chez le convalescent que chez le sujet sain ; que l'état maladif entre pour quelque chose dans cette lenteur d'accroissement des ongles, et qu'il faut établir une exception à la loi d'accroissement pour certains cas de convalescence.

En 1860, M. le docteur Ménard (de Vitry-le-Français) a été à même de constater deux fois l'exactitude des faits signalés par Beau.

Un homme de cinquante-cinq ans, d'une constitution robuste, est atteint dans le courant d'avril d'une entérite cholériforme assez forte pour faire craindre un instant une terminaison funeste. La guérison a lieu cependant après une durée de douze jours environ. Au mois de septembre, dit M. Ménard, on remarque encore sur tous les ongles des mains sans exception un sillon transversal, occupant toute la largeur de l'ongle, sillon d'autant plus profond que l'ongle est plus gros : sur les ongles du pouce et du médius, où le sillon est très-profond, il est possible de soulever la lamelle externe de l'ongle, à la partie antérieure de ce sillon. Quatre mois se sont écoulés depuis l'entrée en convalescence, et les sillons ne sont encore arrivés qu'à la moitié de la distance qui sépare la matrice de l'extrémité.

Une femme accouchée le 18 mai, après un travail qui a duré trente-six heures, mais dont les suites de couches furent très-heureuses, présente aujourd'hui un sillon transversal très-prononcé sur les ongles des pouces et des index. Au mois de septembre, les sillons sont arrivés à la partie moyenne de l'ongle seulement.

Ces faits viennent à l'appui des précédents et forcent à admettre que l'accroissement des ongles est notablement ralenti dans certains cas de convalescence.

Toutes ces altérations des ongles ont leur point de départ dans un trouble de la nutrition générale ; dans certaines maladies aiguës, fébriles cependant, l'altération des ongles paraît être influencée par des circonstances locales. Je n'en veux pour preuve que le fait suivant que j'ai observé chez un étudiant en médecine atteint d'un rhumatisme articulaire aigu, qui a nécessité un séjour au lit de deux mois de durée. Les deux genoux, l'épaule, le coude et le poignet gauches furent le siége d'une arthrite rhumatismale intense. Les articulations du membre supérieur droit furent respectées : lorsque le malade entra en convalescence, il fut étonné de voir un sillon profond apparaître au niveau de la lunule de tous les doigts de la main gauche, tandis que les ongles de la main droite avaient conservé leurs caractères normaux. En dehors du trouble apporté dans tout l'organisme par le rhumatisme articulaire, il y a eu, dans l'arthrite envahissant les grandes articulations du membre supérieur gauche, une influence locale et directe sur la production des sillons des ongles.

FRACTURES DES OS DES MEMBRES.

Enfin, en dehors des altérations unguéales qui reconnaissent pour cause un trouble de la nutrition générale, on peut observer aussi les sillons des ongles par le fait d'un trouble de nutrition dans une partie limitée du corps.

En 1842, un médecin saxon, M. Guenther, signalait le premier la valeur séméiologique de l'état des ongles dans es fractures des membres, et il envoyait à la *Gazette des hôpitaux* une note ayant pour titre : « Nouveau signe de la consolidation des os dans les fractures des membres. » Jusqu'alors personne n'avait fait attention à l'état des ongles dans les fractures ; le docteur Guenther a, le premier, remarqué dans certains phénomènes de leur croissance un signe assuré et, partant, bien précieux, de la consolidation des os. Le hasard l'avait mis sur la voie de cette découverte : Un jeune homme, atteint de fracture très-oblique et comminutive de la jambe droite, avait remarqué que les ongles du pied droit ne poussaient pas comme ceux du pied gauche. Il en informa M. Guenther qui, dès lors, examina les ongles chaque jour avec le plus grand soin. Or, le cinquantième jour, on constata que l'ongle du petit doigt commençait enfin à croître ; puis, un peu plus tard, ceux des trois orteils suivants, et enfin, au bout de quelques semaines seulement, celui du gros orteil. A partir de cette croissance, le malade eut le sentiment de la solidité de son membre, et, en effet, la consolidation était complète. D'après M. Guenther, la croissance arrêtée des ongles serait un symptôme constant dans les fractures des os des membres, et l'élongation de ces parties serait un signe cer-

tain de la réunion définitive des fragments osseux et de
leur consolidation.

Depuis 1842, date de sa première observation, le docteur saxon dit avoir vu un grand nombre de cas semblables, et c'est en se fondant sur des observations réitérées,
qu'il conclut à l'existence de ce signe de la consolidation
des fractures.

Malgaigne a voulu vérifier le fait avancé par Guenther :
sur deux sujets atteints de fractures de l'humérus et
du radius sans déplacement, alors que la consolidation
commençait seulement à se faire, les ongles étaient égaux
au membre sain et au membre malade. Toujours, même
dans les cas de fracture compliquée, Malgaigne dit avoir
vu les ongles s'allonger aux doigts du côté malade,
comme aux doigts du côté sain ; aussi, d'après Malgaigne,
« le docteur Guenther a été la dupe de son imagination
ou de son malade ». Malheureusement Malgaigne s'est trop
hâté de conclure, le chirurgien saxon n'a été la dupe ni
de son imagination ni de son malade, Malgaigne seul a
été la dupe de ses observations insuffisantes.

M. Broca, à qui je me suis adressé pour connaître
l'état de la science actuelle sur ce point, m'a dit avoir
constaté plusieurs fois la réalité du signe de Guenther, et
en particulier chez un malade qui présentait une fracture
du tibia à quelques centimètres au-dessus de l'articulation tibio-tarsienne. Pendant tout le temps que la consolidation mit à se faire, M. Broca, qui avait badigeonné
les ongles des deux pieds avec une solution de nitrate
d'argent, put constater très-nettement que les ongles du
côté de la fracture ne s'accroissaient nullement, tandis
que ceux du côté opposé présentaient leur accroissement
physiologique. M. Broca se demande si le siége de la
fracture au voisinage d'une articulation ne serait pas une
cause prédisposante à la production de ce phénomène,
et en ce moment ce chirurgien fait, dans son service

à la Pitié, des recherches très-attentives sur ce sujet, qui jusqu'alors n'avait que vaguement fixé son attention.

M. Duplay, agrégé de la Faculté, qui s'occupe aussi en ce moment d'étudier ce point intéressant de la pathologie des ongles, a bien voulu me communiquer une observation toute récente et qui prouve jusqu'à l'évidence la réalité du signe donné par le chirurgien danois. Je la rapporte *in extenso*, telle que me l'a communiquée M. Duplay.

Fracture de l'avant-bras gauche ; retard considérable dans la consolidation; réunion osseuse après quatre mois et demi ; arrêt complet de la croissance des ongles, jusqu'au moment où la consolidation a commencé. — M. X., âgé de trente-trois ans, d'une très-bonne constitution, n'étant en puissance d'aucune diathèse, se casse l'avant-bras gauche le 7 octobre 1867. La fracture, produite par cause directe, siégeait à la partie moyenne de l'avant-bras, et affectait les deux os au même niveau. Elle était accompagnée d'une contusion violente et d'un déplacement considérable suivant la direction et suivant l'épaisseur.

La réduction se fit facilement, mais fut assez difficile à maintenir. J'appliquai l'appareil ordinaire des fractures de l'avant-bras, composé de compresses graduées, et de deux attelles, dorsale et palmaire.

Par suite du gonflement qui augmenta les jours suivants, je fus obligé de desserrer deux fois l'appareil, puis, les choses marchant comme à l'ordinaire, je visitai la fracture le huitième, puis le quinzième jour, me préoccupant seulement de maintenir la coaptation aussi exacte que possible, et à ma dernière visite, celle-ci paraissait parfaite.

Le 9 novembre, c'est-à-dire trente-deux jours après l'accident, j'enlève l'appareil et je constate qu'il n'y a aucune apparence de consolidation, l'avant-bras se plie avec la plus grande facilité. Les os placés bout à bout et dans une rectitude parfaite ne présentent aucune trace de cal.

Je replace le membre dans l'appareil, et pour assurer l'immobilité absolue, quoique le malade soit d'une excessive prudence, je le condamne au repos, au lit. Dix jours après, j'examine de nouveau la fracture, et je trouve les choses absolument dans le même état.

Je prescris un bain de bras fortement sinapisé ; j'exerce, à l'aide d'un linge rude et imbibé d'eau-de-vie camphrée, des frictions sur tout l'avant-bras; je frotte avec modération les extrémités des fragments les unes contre les autres, en même temps que je pratique le massage sur tout l'avant-bras, en insistant surtout au niveau de la fracture. On renouvelle dans la journée les frictions irritantes sur le membre laissé à découvert. Le lendemain, je trouve un léger gonflement au niveau de la fracture, la pression est douloureuse ainsi que les mouvements imprimés aux fragments.

Le 19 novembre, j'applique un appareil dextriné, comprenant la main, l'avant-bras et le coude jusqu'au tiers inférieur du bras, puis, sur cet appareil et au niveau de la fracture, je place des compresses graduées que je serre à l'aide d'attelles jusqu'à dessiccation complète. Je prescris le phosphate de chaux à la dose de 2 grammes par jour.

A ce moment, le malade attire mon attention sur l'état de ses ongles : ceux-ci, depuis l'accident, ont complétement cessé de croître, et en raison de l'arrêt complet de leur croissance, ils ont pris une teinte d'un jaune noirâtre. Quelques jours après l'application du dernier appareil, et l'administration du phosphate de chaux à l'intérieur, ils recommencent à pousser, et on découvre à leur bord adhérent un petit croissant rosé. A partir de ce moment, la croissance s'opère assez rapidement, et on en constate aisément les progrès, par la limite très-tranchée qui existe entre l'ancien ongle et le nouveau.

Le 31 décembre, il reste à peine un demi-centimètre de l'ancien ongle ; j'enlève l'appareil, et je trouve une modification très-notable. Quoique la consolidation soit loin d'être complète, la mobilité est beaucoup moindre, le cubitus paraît presque solide ; de plus, on sent au niveau de la fracture un cal peu volumineux.

J'applique un appareil composé de deux larges et fortes attelles, tout en prenant soin de prolonger l'attelle palmaire jusqu'au niveau des doigts, afin d'assurer une immobilité plus complète.

Les ongles continuent à pousser très-sensiblement. Je visite la fracture le 10 janvier ; je trouve le cubitus complétement solide, le radius seul est encore un peu mobile dans le sens latéral ; même appareil.

Le malade, qui se lève et marche en plein air sur ma recommandation, s'est beaucoup fatigué ces jours derniers et s'est même donné une courbature. Aussi, lorsque j'examine l'avant-bras le 20 janvier, je ne trouve aucune amélioration, et je constate que les choses sont dans le même état que lors de mon dernier examen ; même appareil.

Les jours suivants, je remarque du côté des ongles un phénomène très-curieux qui s'expliquera facilement, lorsqu'on saura que pendant les quinze derniers jours, c'est-à-dire pendant cette période dans laquelle la consolidation est restée stationnaire, les ongles se sont de nouveau arrêtés dans leur croissance.

Les anciens ongles sont aujourd'hui remplacés par des ongles blancs et rosés ; mais du côté de la racine, à un millimètre environ du bord adhérent, on découvre sur tous les ongles de la main un sillon très-net, qui tranche par sa coloration plus foncée, et qui marque, pour ainsi dire , le temps d'arrêt qui a eu lieu dans la croissance des ongles pendant environ quinze jours. Ce sillon s'avance les jours suivants du bord adhérent vers le bord libre des ongles, et le 12 février, il atteint à peu près le milieu de la hauteur de chaque ongle.

Le malade, du reste, remarque que durant cette dernière période, la croissance des ongles a été très-rapide.

A cette époque, je trouve la consolidation à peu près parfaite; c'est à peine si, en cherchant à imprimer des mouvements de pronation et de supination, on perçoit une mobilité appréciable au niveau de la fracture du radius.

Quoi de plus évident que les connexions étroites entre la croissance des ongles et la guérison de la fracture dans cette circonstance : D'abord, défaut complet de consolidation, arrêt absolu dans la sécrétion unguéale ; puis apparition du travail de consolidation, accroissement notable de l'ongle; puis arrêt dans la formation du cal par suite d'un excès de fatigue, arrêt simultané dans la croissance des ongles se traduisant par un sillon sur leur face externe; et enfin : consolidation parfaite, accroissement rapide de la lame cornée unguéale. — Le signe de Guenther a donc une valeur réelle ; il sera, dans certains cas de pseudarthrose, d'une utilité incontestable pour le chirurgien, puisqu'il lui permettra de suivre les progrès de la consolidation, sans qu'il soit besoin d'un examen direct, toujours préjudiciable au malade dans ces circonstances.

ONGLES HIPPOCRATIQUES.

Les médecins dont les travaux ont illustré l'enfance de l'art ont signalé des rapports secrets et presque mystérieux entre la phthisie et l'état des ongles. Le recourbement des ongles chez les phthisiques est un fait qu'Hippocrate avait laissé sans commentaire explicatif à l'observation de ses successeurs :

« Purulenti qui ex pleuritide aut peripneumonia hujus-
» modi sunt, febres habent interdiu leves, de nocte fortio-
» res, ac nihil expuunt commemorabile, sudant circa col-
» lum et jugulum, cavantur oculi, malæ rubent, manuum
» vere extimi calent digiti, et exasperantur, *ungues adunci*
» *fiunt*, pedes refrigerantur et tument, pustulæ toto
» erumpunt corpore, cibos jubent facescere, atque hæc
» suppurati signa sunt inveterati. » Hipp. in *Coacis.*

Comme on le voit, c'est une opinion médicale fort an-
cienne, celle qui attribue à la phthisie la propriété de recourber les ongles à leur extrémité. En traversant les
longues années qui nous séparent du père de la médecine,
son aphorisme a subi bien des vicissitudes. D'abord admis
sans contestation, il fut ensuite diversement apprécié
dans son interprétation. On commença par refuser aux
phthisiques la propriété exclusive de cette disposition
particulière des ongles ; ensuite on la répartit arbitrai-
rement sur tous les malades affectés de marasme. L'a-
maigrissement des membres, le peu de soin de certains
malades à se couper les ongles, furent successivement
invoqués pour expliquer le mécanisme du recourbement
de ces appendices cornés.

Après deux années de recherches attentives sur ce sujet,
M. Pigeaux (*Archives de médecine*, 1840) a remarqué que
spécialement considéré chez les individus non tuberculeux,
quoique réduits à l'état d'amaigrissement extrême, le
recourbement des ongles se rencontrait à peine dans un
dixième des cas, et seulement chez un tiers des malades
amaigris, si l'on faisait abstraction des lésions organiques
dont ils étaient atteints. Le recourbement des ongles,
quoique bien fréquent chez les tuberculeux, manque
cependant environ dans la sixième partie des cas : il s'observe à peine chez un dixième de ceux qui ne le sont
pas, quoique émaciés, et un tiers seulement des personnes
mortes dans le marasme en sont atteintes. Aucune de

ces particularités ne concourt donc exclusivement à la production du phénomène.

M. Pigeaux, dans ses recherches, a été frappé de l'influence qu'ont la gêne de la respiration, de la circulation et en général tout vice de l'hématose sur le recourbement des ongles, ou du moins sur la production médiate de ce phénomène par l'intermédiaire du gonflement fusiforme de l'extrémité des doigts, gonflement qui accompagne toujours l'incurvation unguéale et a sur la production de ce phénomène une influence immédiate. En effet, M. Pigeaux a remarqué que dans dix-sept cas de recourbement sans tubercules, les maladies suivantes existaient : neuf cas d'affections du cœur, quatre cas d'emphysème pulmonaire, deux de catarrhe pulmonaire chronique, deux cas (lésion ignorée).

Trousseau dit n'avoir pas vu mourir de la phthisie pulmonaire un seul malade dont les doigts n'eussent pas plus ou moins la forme hippocratique. Pour lui, tous ceux qui ont la main hippocratique sont tuberculeux, à peu d'exceptions près (*Journal des connaissances médico-chirurgicales*). M. Vernois, dans le but de savoir si la phthisie déterminait, plus que toute autre affection, un état particulier des ongles, a observé la forme de ces organes non-seulement chez les phthisiques, mais dans toutes les maladies quelles qu'elles soient. Il a recherché les diverses circonstances qui semblent, pendant le cours des maladies, déterminer la forme recourbée des ongles ; ses observations portent sur 276 cas, recueillis dans les hôpitaux de Paris pendant les années 1834, 1835, 1836. Voici quelles sont les conclusions de l'auteur : « 1° Parmi les maladies où l'on rencontre les ongles recourbés, la phthisie tuberculeuse, les scrofules et les affections chroniques influent très-positivement sur cette altération des ongles. Cette influence n'est cependant ni absolue ni nécessaire, puisqu'on y voit un assez grand nombre d'exceptions ; mais parmi les maladies qui déterminent cette modification, les tubercules agissent une fois sur 1,25 des cas, tandis que parmi les maladies où les ongles restent normaux, et où des tubercules peuvent aussi se rencontrer, ceux-ci ne sont observés qu'une fois sur 4,7 des cas.

» 2° Les femmes présentent cette altération morbide plus souvent que les hommes, environ trois fois plus communément.

» 3° C'est entre dix et trente ans que ce symptôme se remarque le plus souvent ; de trente à soixante-dix ans, ce fait devient très-rare.

» 4° Il n'y a pas de profession qui semble avoir une influence déterminée sur cette disposition.

» 5° La constitution qui coïncide le plus souvent, et presque dans les 5,6 des cas, avec les ongles recourbés donne les caractères suivants : peau blanche, fine et anémique, cheveux blonds, yeux bleus ou bruns, cils trèslongs, sclérotiques bleuâtres, muscles faibles. Enfin l'état de la circulation, sous le rapport de la fréquence du pouls, a donné dans la majorité des cas (une fois sur 1,18) de 60 à 120 pulsations par minute ; c'est ce qui arrive ordinairement dans les affections chroniques, et ce qui cadre parfaitement avec la nature des autres résultats. »

Pour M. Pigeaux, ce serait un vice de l'hématose qui occasionnerait un gonflement œdémateux de l'extrémité des doigts, et surtout de la pulpe de ces parties ; l'ongle en totalité se trouverait mécaniquement repoussé ; sa racine soulevée ferait basculer et, par suite, recourber son bord libre qui simule alors une griffe d'animal. Sans nier la vérité de cette interprétation, je crois qu'il est en médecine beaucoup de questions où les éléments nécessaires pour une solution théorique manquent encore ; et la question des ongles hippocratiques me paraît être de ce nombre.

Et d'abord, pour bien juger de cette déformation, on doit se rappeler : que les doigts à l'état normal représentent la forme d'un cône tronqué, dont la base repose sur l'articulation métacarpo-phalangienne, et dont le sommet se trouve à l'extrémité de la pulpe des doigts. Chez ceux, au contraire, qui présentent le développement fusiforme en question, le sommet du cône précité s'arrête au niveau de l'articulation de la deuxième avec la troisième phalange ; il se trouve surmonté de la dernière section du doigt assez régulièrement développée en forme de fuseau. La tuméfaction commence à l'articulation, s'accroît jusqu'à la racine de l'ongle qui devient la partie la plus saillante ; elle va ensuite en diminuant jusqu'au bout du doigt. En même temps le diamètre antéro-postérieur de la dernière phalange est notablement augmenté par le développement considérable de la pulpe du doigt, développement qui contraste avec la maigreur de la main des phthisiques. L'index et le pouce sont d'abord atteints dans la plupart des cas ; le médius, l'auriculaire et l'annulaire se développent ensuite. Lorsque les trois premiers doigts d'une main présentent cet état pathologique, les deux premiers de l'autre ne tardent pas à se tuméfier, si le développement n'a pas été simultané dans les deux membres, ce qui n'est pas le cas le plus ordinaire. Quelquefois rapide dans sa marche progressive, la déformation parvient avec la phthisie aiguë, en quelques semaines, à son plus haut point d'accroissement. Souvent aussi, elle n'arrive à cette période qu'après un long laps de temps, en passant par des nuances insensibles. Cette déformation suit assez régulièrement, non pas les phases des tubercules, mais bien leur influence sur l'état général de l'hématose et de la respiration.

Le développement fusiforme des doigts est donc en rapport constant avec l'état des viscères thoraciques, et spécialement avec le développement des tubercules dans les organes. Le recourbement des ongles et le développement fusiforme de la dernière phalange des doigts ont une importance extrême comme *signe prodromique* de la présence de tubercules latents ; enfin, lorsque ce symptôme est bien constaté, l'existence des tubercules comme complication ou comme maladie principale est très-probable. A la seule inspection de ce signe, on peut souvent prédire la gravité d'un catarrhe pulmonaire, d'une pneumonie ou de toute autre affection des plus bénignes en apparence. Il devance quelquefois de plusieurs mois, quelquefois même de plusieurs années, les signes physiques qui indiquent la présence des tubercules dans les poumons. Pigeau va jusqu'à dire que, pour une femme surtout, il est moins grave d'avoir eu une ou deux hémoptysies, même de plusieurs onces, que de présenter ce développement fusiforme de l'extrémité des doigts. Les six dixièmes des individus phthisiques présentent ce symptôme, et sur la moitié d'entre eux on l'observe avant d'avoir constaté l'existence des tubercules.

Cet état fusiforme de l'extrémité des doigts est caractérisé anatomiquement par l'infiltration d'une sérosité plus ou moins teinte de sang dans la pulpe du doigt. La phalange n'a subi aucune augmentation de volume, et elle n'est altérée ni dans sa forme, ni dans ses rapports, ni dans sa consistance. Le tissu lamineux situé à la base et sous la racine de l'ongle s'est hypertrophié ; le tissu graisseux prédomine, surtout à la face palmaire. La peau paraît un peu plus épaisse qu'à l'état normal. L'ongle séparé du doigt paraît peu recourbé ; on voit distinctement l'influence de l'élévation de la racine sur le recourbement du bord libre. La présence de la pulpe des doigts, la prédominance du tissu cellulaire paraissent les causes principales qui bornent cette affection à la troisième

phalange. La consistance plus considérable de la pulpe
des orteils, la brièveté de la troisième phalange rendent
au pied cette disposition plus rare.

MALADIES PAR ALTÉRATION DU SANG.

Je dois ici signaler la déformation des ongles dans
quelques autres maladies, où le sang est modifié dans sa
composition chimique.

1° Lélut a signalé, dans le *scorbut*, un état mou et carti-
lagineux des ongles ; leurs racines sont ébranlées, et leur
chute a lieu quelquefois.

2° Niemann cite l'exemple d'une jeune fille *chloro-
tique*, chez laquelle les ongles étaient ramollis et avaient
pris un aspect tout à fait dégoûtant. Cette altération, survenue par suite de la difficulté du travail de la menstrua-
tion, fut merveilleusement guérie par l'emploi des mar-
tiaux.

3° Dans la *cyanose*, il existe une altération de l'ongle,
qui le plus souvent le rapproche de l'ongle hippocratique.
— J'ai vu chez un enfant de huit ans atteint de cyanose
une modification des ongles caractérisée par l'état suivant :
ongles très-convexes dans le sens transversal et dans le
sens antéro-postérieur ; leur extrémité libre tend à se
recourber au-dessous de la pulpe des doigts. Je m'em-
presse de dire qu'il n'existe chez cet enfant aucun signe
de phthisie pulmonaire ; du reste, les doigts ne présentent
pas, à leur extrémité, la déformation en massue qui
accompagne toujours l'ongle hippocratique. Chez cet
enfant, l'accroissement des ongles est assez rapide ; on est
obligé de les couper assez souvent ; mais il faut remarquer
que leur section s'accompagne de vives douleurs.

La couleur de ces ongles est violette ; on distingue à peine la lunule du reste du derme sous-unguéal. Lorsque l'enfant est exposé au froid, la couleur de ses ongles devient d'un brun noirâtre. La lame cornée n'a pas l'aspect brillant des ongles normaux ; au lieu d'être lisse et polie, elle est terne et présente des stries longitudinales plus prononcées qu'à l'état physiologique.

M. le professeur Vulpian a eu l'obligeance de me communiquer l'observation d'une malade chez laquelle il avait diagnostiqué une persistance du trou de Botal, avec rétrécissement de l'orifice pulmonaire. Cette malade, dont l'autopsie a complétement confirmé le diagnostic, présentait une *cyanose très-prononcée et des ongles hippocratiques*. J'extrais les lignes suivantes de l'observation très-complète et très-détaillée que M. Vulpian a bien voulu mettre à ma disposition : La nommée Piolot Antoinette, âgée de cinquante ans, fait remonter le début de sa maladie à une époque très-éloignée ; elle raconte que depuis quinze ans elle éprouve des palpitations, mais ce n'est que depuis trois ans qu'elle est malade au point de ne plus pouvoir travailler. La face est cyanosée, bleuâtre ; les mains et les pieds ont une teinte foncée presque noirâtre : œdème considérable des extrémités inférieures ; souffle fort immédiatement après le premier temps, prolongé pendant une grande partie du petit silence, son maximum est vers la base et il se prolonge en s'affaiblissant sur le trajet de l'aorte. A l'entrée de la malade, la respiration est normale ; plus tard il survient de l'oppression, de la toux et des accès de suffocation. La nutrition ne présente aucun trouble notable. Deux mois avant sa mort, cette femme a présenté une plaque ecchymotique survenue spontanément sur l'épaule gauche, et qui paraissait être due à de petites thromboses des veines sous-cutanées.

Chez cette malade, les extrémités des doigts sont fortement cyanosées ; elles présentent à un degré très-marqué la déformation en massues; plus tard elles sont le siége d'un œdème considérable. Les orteils noirâtres et œdématiés présentent également des extrémités en massue; la lame cornée des ongles présente une forme qui rappelle, en tous points, celle des ongles hippocratiques; ce qui frappe surtout, c'est sa coloration noire uniforme qui ne permet plus de distinguer la lunule. L'ongle est un peu aminci; il présente des sillons longitudinaux plus prononcés qu'à l'état normal. Je n'ai pas trouvé dans l'observation de détails relatifs à son accroissement. Ce qu'il y a de remarquable dans ce cas, au point de vue où je l'envisage, c'est la déformation en massue de l'extrémité des doigts, et l'ongle hippocratique. Ces altérations ne pourraient-elles pas s'expliquer par des thromboses des veines de la pulpe des doigts, thromboses analogues à celles qui se sont produites spontanément sur l'épaule gauche de la malade? Kölliker a observé en effet, dans des cas de ce genre, mais surtout chez des tuberculeux, des oblitérations vasculaires du lit de l'ongle. Ici, l'état œdémateux et infiltré de la pulpe des doigts aurait rendu cette recherche très-difficile, pour ne pas dire impossible.

SYPHILIS.

J'arrive maintenant aux altérations des ongles dans les maladies constitutionnelles ; je commencerai par la syphilis.

Les auteurs qui ont traité des maladies vénériennes ont omis pendant longtemps de parler de cette affection. Au dire de Brassavole, la chute des ongles comme la chute des poils n'aurait pas été observée dans les premiers temps de l'apparition du *mal français*, mais seulement quarante ans plus tard, vers 1533. Hunter, Swediaur,

Astruc, Benjamin Bell, Cullerier et Lagneau n'ont rien
dit de l'onyxis syphilitique. Le *Dictionnaire* de Samuel
Cooper, le *Dictionnaire abrégé des sciences médicales*, n'en
font aucune mention. Wardrop a confondu l'onyxis syphilitique avec l'inflammation ordinaire de la matrice de
l'ongle. Boyer et Richerand n'ont pas indiqué les ulcères
du derme sous-unguéal, en traitant des ulcères vénériens
en général. Le *Dictionnaire des sciences médicales* leur a
consacré une demi-page.

En 1826, Royer-Collard écrivait : « qu'il existe ou non
un virus syphilitique, que l'*onglade* soit ou non due
à l'action de ce virus, il n'en est pas moins vrai que cette
maladie se présente avec des caractères particuliers :
1° elle affecte indistinctement tous les ongles des pieds et
des mains ; 2° elle en attaque toujours plusieurs à la fois ;
3° elle commence quelquefois par de petits ulcères qui
ont leur siége dans l'intervalle des doigts, et qui de là se
portent à la circonférence de l'ongle ; 4° l'ongle se détache
spontanément de sa racine à son corps ; 5° l'onglade
résiste au traitement antisyphilitique. Plus de trente fois,
M. Dupuytren en a fait l'expérience ; et il a pu s'assurer
que le mercure administré de la manière la plus ration-
nelle, tant à l'intérieur qu'à l'extérieur, pendant un temps
quelquefois très-long, ne produisait aucun résultat satis-
faisant, mais au contraire donnait plutôt à la plaie une
couleur plus noire et une odeur plus fétide ; 6° aussitôt
que l'ongle est tombé, un pansement simple suffit pour
la guérison. Tels sont les principaux caractères distinctifs
de l'onglade. Quant à la couleur grisàtre du fond de l'ulcère, à cette forme particulière qui appartient, dit-on, à
tous les ulcères vénériens et qui fait dire qu'ils sont
taillés à pic, il faut beaucoup de bonne volonté pour les
reconnaître dans l'onglade ; et à part tous les autres
caractères que nous venons d'examiner, le praticien le

plus exercé aurait peine à la distinguer de l'inflammation ordinaire de la matrice des ongles. »

En 1827, Lélut, qui a si bien décrit l'onglade, déclare que l'inefficacité du traitement mercuriel dans tous les cas qu'il a observés tend à lui prouver que cette affection n'est pas de nature syphilitique ; d'ailleurs, les observations de Dupuytren sur ce point concordaient parfaitement avec celles de Lélut.

Aujourd'hui, personne ne met plus en doute la nature syphilitique de certains onyxis ; mais on peut dire que l'altération des ongles dans la syphilis, comme du reste tous les accidents tardifs de la vérole, est devenue rare ; car sur un grand nombre de malades, on en rencontre à peine quelques cas.

Chez les individus en puissance de syphilis constitutionnelle, le derme sous-unguéal peut présenter toutes les altérations, toutes les variétés d'éruptions qu'on rencontre sur d'autres régions du derme, et qui constituent les diverses syphilides. On rencontre en effet l'onyxis syphilitique en même temps que les lésions du corps muqueux de la peau, et non avec des altérations des glandes sudoripares ou des follicules sébacés ; on le voit avec des syphilides squameuses, tuberculeuses, serpigineuses, lichénoïdes ; mais jamais avec la varicelle, le pemphigus, l'eczéma ou l'acné, parce que ces dernières dermatoses ont surtout leur siége dans les glandes sudoripares ou les follicules sébacés.

On observe, au niveau de la matrice des ongles, les lésions élémentaires qui caractérisent les syphilides ; on peut ranger en effet dans la classe des *syphilides exanthématiques généralisées*, le psoriasis syphilitique et la syphilide pustuleuse des ongles, dans la classe des *syphilides résolutives circonscrites*, la plaque muqueuse des ongles ; et enfin dans les *syphilis ulcéreuses circonscrites*, la syphilide tuberculeuse et la syphilide pustulo-ulcéreuse du derme unguéal. Il est des cas cependant où la lésion élémentaire fait défaut, si elle ne passe pas inaperçue, et où l'ulcération paraît être primitive. Cette variété de l'onyxis qui atteint les orteils plus souvent que les doigts a été décrite par Delpech. Dans ces cas, contrairement à la loi générale des syphilides ulcéreuses, l'ulcération ne serait plus précédée de la lésion élémentaire : bulle, pustule, tubercule, etc.; en un mot, au lieu des trois phases de toute syphilide ulcéreuse : *bouton, ulcère, cicatrice*, on ne rencontrerait que les deux dernières, et l'on observerait d'emblée, au dire de Delpech, une ulcération spontanée de l'organe sécréteur de l'ongle.

Passons maintenant à l'étude de chacune de ces variétés de syphilis unguéale. Lélut, le premier, a distingué dans l'onglade deux variétés, une caractérisée par la chute de l'ongle sans inflammation préalable de la matrice, et qu'il a si justement désignée sous le nom d'*alopécie unguéale ;* une seconde marquée par l'inflammation de la matrice de l'ongle avec déformation ou chute de la lame cornée, remplacée ou non par une production de même nature, c'est l'onglade proprement dite. Les auteurs modernes, dans l'étude qu'ils ont faite de l'onyxis syphilitique ont conservé ces deux formes : la forme sèche et la forme humide. Dans le premier cas, les ongles tombent sans travail inflammatoire, sans douleurs, sans suppuration; annexes de la peau, comme les cheveux, ils s'en détachent comme ceux-ci le font dans l'alopécie. C'est un accident analogue, mais beaucoup plus rare. A propos de cet onyxis à forme sèche, on lit dans le traité de M. Cazenave sur les syphilides : « Tantôt l'ongle piqueté dans plusieurs points devient grisâtre, sec et cassant à son extrémité libre; tantôt, indépendamment de cette altération, il s'épaissit dans les deux tiers de son étendue, il devient opaque chagriné, sa surface exfoliée est rugueuse inégale ; et, chose remarquable, il y a ordinairement une

ligne de démarcation bien tranchée qui sépare cette partie malade de la partie saine, représentée habituellement
par une surface qui commence un peu au delà de la lunule, surface où l'ongle conserve son éclat, son poli, sa
couleur. Dans quelques cas cependant, l'altération de structure est générale et l'ongle est converti en une production
cornée, sèche, grisâtre, chagrinée, très-friable. Cette
forme, qui était bien connue des anciens, est commune; il
est même rare qu'il existe une syphilis depuis longtemps
sans que les ongles du malade soient plus ou moins altérés ; elle est toujours secondaire ; c'est quelquefois le
seul symptôme qui traduise une syphilis constitutionnelle. » La fréquence de cette altération des ongles est
loin d'être aussi grande que l'avance M. Cazenave, et sur
ce point la plupart des siphiliographes s'éloignent complétement de l'opinion émise par cet observateur; il est vrai
de dire avec lui, qu'il y a des malades affectés de syphilis
constitutionnelle dont l'état diathésique n'est révélé que
par cette disposition des ongles. L'onyxis à forme sèche
consiste donc dans une altération de la lame cornée unguéale qui tombe en partie ou en totalité, comme un
tissu mort nécrosé. Dans certains cas, d'après M. Rollet,
cet organe s'exfolie superficiellement sous forme de lamelles plus ou moins étendues; au-dessous de la partie
exfoliée, on découvre l'ongle nouveau avec des saillies, des
bosselures qui débordent quelquefois l'ongle ancien, ou
font même hernie à travers les perforations qu'il peut présenter. D'autres fois l'ongle est converti en une production
cornée sèche, jaune, épaisse, cassante, comme le sabot
des solipèdes. Ces différentes altérations que je viens de
décrire s'observent en dehors de toute éruption syphilitique de la matrice de l'ongle, c'est une chute spontanée
de la lame cornée, une véritable alopécie unguéale.

Voyons maintenant ce qui se passe dans les cas de syphilide exanthématique de la matrice de l'ongle. Ces

dernières occupent parfois le pourtour de la lame cornée, la matrice unguéale rougit, s'enflamme, mais ne
s'ulcère pas, aussi n'en résulte-t-il aucun symptôme spécial, ni rien d'important au point de vue des indications.
Il est cependant une syphilide exanthématique qui, en
envahissant la matrice de l'ongle, produit une altération
identiquement semblable à celle que je décrirai plus loin
sous le nom de *psoriasis unguium*. Le psoriasis de la matrice de l'ongle ne diffère du psoriasis de la paume des
mains que par les altérations de la lame cornée unguéale.
Témoin l'observation suivante empruntée à l'ouvrage de
M. Lancereaux : « X., jeune Valaque, vingt-trois ans, pré-
senta au mois de décembre 1859 un chancre infectant de
la verge, pour lequel M. Ricord lui fit prendre 180 pilules
de protoiodure de mercure, ce qui ne l'empêcha pas de
voir paraître, au mois de janvier, l'éruption papuleuse de
la paume des mains, désignée par quelques auteurs sous
le nom de psoriasis palmaire (bichlorure de mercure pendant deux mois, iodure de potassium pendant cinq mois).
Au mois de juin, plaques muqueuses amygdaliennes,
réapparition du psoriasis palmaire ; de plus, au niveau
du pli unguéal de la plupart des doigts, existe un gonflement d'un rouge sombre, qui se recouvre bientôt d'une
desquamation épithéliale. Les ongles n'ont plus leurs
caractères normaux, quelques-uns sont légèrement pâles
et offrent des sillons longitudinaux ; il en est d'autres
dont la matrice est manifestement altérée, et qui présentent à leur surface de petites dépressions analogues à la
marque que produirait la tête d'une épingle sur un corps
lisse et peu dur. Il y a là un pointillé légèrement blanchâtre, que peuvent voiler certains reflets, mais qui se
voit très-bien à contre-jour ; les sillons normaux sont
effacés au niveau de cette lésion qui occupe à peu près la
partie moyenne de l'ongle. Malgré le traitement institué,
la guérison n'est pas encore complète dans le mois de no-

vembre. » Voilà certes un cas type de psoriasis unguium, pas un seul de ses caractères ne fait défaut ; et cette seule observation plaide puissamment en faveur de l'existence du psoriasis syphilitique, nié par quelques auteurs. Il est en effet impossible d'admettre que chez ce malade, le psoriasis unguium soit de nature dartreuse, car les antécédents du malade, les affections concomitantes de l'altération unguéale sont des preuves certaines de sa nature syphilitique. Du reste, le psoriasis unguium herpétique, identique par ses caractères objectifs avec celui que je viens de décrire, s'en distingue par la coexistence habituelle de plaques psoriasiques sur d'autres points du corps, et en particulier les coudes et les genoux.

Parmi les syphilides exanthématiques qui s'observent au niveau des ongles, il faut citer la *syphilide pustuleuse*. Un cas de ce genre observé par Bassereau nous apprend que les ongles des mains offraient à leur surface une foule de points mats, blancs, déprimés et comme vermoulus ; leur bord libre épaissi, fendillé, se détachait par lamelles. D'autres éruptions appartenant à cette période peuvent produire également l'onyxis syphilitique, jamais cependant on n'observe dans ces cas d'ulcérations profondes de la matrice de l'ongle.

Toutes ces altérations de l'onyxis à forme sèche peuvent se maintenir longtemps dans l'état que j'ai décrit : ou bien la croissance de l'ongle se remet à s'opérer régulièrement, et les parties altérées, repoussées en avant ou soulevées par l'ongle nouveau, sont remplacées peu à peu par celui-ci. En tout cas, le travail de réparation n'est jamais très-prompt, et les malades peuvent être complétement guéris de leur syphilis, tout en présentant les altérations des ongles qui se corrigent ensuite d'elles-mêmes et progressivement. La durée de cette forme d'onyxis est toujours très-longue, et M. Cullerier dit avoir vu, à l'hôpital du Midi, un cas de ce genre datant de deux ans, et dont le malade eut grand'peine à se débarrasser, bien qu'il suivît un traitement fort régulier.

Parmi les *syphilides résolutives circonscrites* observées au niveau des ongles, je signalerai les plaques muqueuses. De véritables plaques muqueuses se développent assez souvent au pourtour des ongles des pieds, avec tous les caractères qui appartiennent à ces éruptions, et surtout avec une sécrétion d'une horrible fétidité. Ces plaques muqueuses, qui se logent dans le pli cutané où l'ongle est enchâssé, sont une des variétés les moins graves de l'onyxis syphilitique. Elles peuvent s'ulcérer, devenir très-douloureuses, mais n'empruntent pas au siége qu'elles occupent des caractères différents de ceux qu'elles présentent dans les autres régions.

Les *syphilides circonscrites ulcéreuses*, pustulo-ulcéreuses, tuberculeuses, syphilides, qui marquent le troisième temps de l'évolution de la syphilis secondaire, sont celles qui s'observent le plus souvent au niveau des ongles. Les éruptions pustuleuses et tuberculeuses, en affectant le pourtour des ongles, donnent lieu à diverses formes d'onyxis, dont quelques-unes ont une marche envahissante, d'autres une grande tendance à la chronicité. Voici comment se présente habituellement cette forme d'onyxis. C'est d'abord une tuméfaction demi-circulaire de la matrice de l'ongle, qui se trouve comme entourée d'un bourrelet rouge, saillant ; la rougeur du tégument est souvent violacée ou cuivreuse. L'espèce de croissant formé par la lunule est changé en un bourrelet d'un rouge pourpre, plus élevé, plus sensible à l'endroit où l'ongle semble adhérer davantage, et interrompu par des ulcérations saignantes, mamelonnées, aux lieux où l'ongle est déjà détaché, ou semble devoir se détacher bientôt. Au premier degré de la maladie, une suppuration légère a lieu à la matrice de l'ongle, dans le pli tégumentaire qui reçoit cette racine ; l'ongle est ébranlé, la marche est difficile, douloureuse. Cependant l'inflammation, arrivée à ce degré, peut rétrograder ; on voit alors la suppuration diminuer graduellement, et bientôt cesser tout à fait. L'ongle, d'abord ébranlé, se consolide, et peu à peu le bourrelet périphérique se résout et s'affaisse. Mais le plus souvent une suppuration très-abondante, d'un jaune grisâtre, verdâtre ou brunâtre, d'une grande fétidité, quelquefois mêlée de sang, sort entre la matrice de l'ongle et la peau. L'ongle s'épaissit, se ternit, devient d'un jaune terreux, ou d'un vert noirâtre. Lorsqu'il ne tombe pas complétement, il se déprime à l'endroit où le couvrait la matrice malade, quitte quelquefois la pulpe du doigt par un de ses bords, et se trouve chassé en avant, comme un ongle sain, en se continuant sans interruption par la partie postérieure avec l'ongle qui doit le remplacer. Dans ce cas, la suppuration, les ulcérations, la tuméfaction, la rougeur, la sensibilité diminuent peu à peu, et le doigt et l'ongle reviennent à peu près à leur état normal. Lorsque l'ongle tombe, il se détache de sa racine vers son bord libre en se déviant du côté le plus longtemps adhérent : on voit bientôt à nu la plus grande partie de sa racine ; enfin il tombe entraîné d'ordinaire par quelques tractions, et laissant souvent à sa place des portions de sa substance qui occupent tantôt la partie postérieure, tantôt la partie antérieure de la pulpe. Cette portion du doigt est alors une plaie inégale, couverte d'une suppuration d'un jaune grisâtre, environnée d'un bourrelet inflammatoire, et donnant du sang au contact de l'air, ou par le mouvement des extrémités malades. Quelquefois l'ulcération de la peau sous-unguéale, au lieu de bourgeonner, fait des progrès en profondeur. Chez un malade de M. Diday, l'ulcération paraissait s'arrêter, et présentait de temps en temps un commencement de cicatrisation; puis elle se mettait de nouveau à s'étendre et à creuser de plus en plus. La guérison de cet ulcère ne fut définitive qu'après un traitement antisyphilitique prolongé aidé d'une médication thermale. Que devient la lame cornée unguéale dans ces circonstances ? Quelquefois, mais le plus rarement, l'ongle n'est remplacé par aucune production cornée ; ou bien, il l'est par une lame unguéale très-légère, qui, une fois arrachée, ne repousse plus. Dans ce cas, la cicatrisation se fait de l'extrémité du doigt vers sa racine, où la suppuration est toujours le plus abondante. Mais le plus ordinairement, de larges productions cornées ne tardent pas à remplacer l'ongle tombé ; on voit alors à sa matrice de petites lamelles jaunâtres, d'abord assez molles, mais ne tardant pas à prendre de l'accroissement. Elles sont environnées d'un bourrelet inflammatoire, et l'ulcération de la pulpe qui, d'ordinaire; leur est antérieure, les cerne quelquefois de tous côtés. Il est rare qu'elles soient chassées horizontalement, elles repoussent d'ordinaire obliquement d'avant en arrière et de bas en haut, et même quelquefois perpendiculairement. Quelquefois elles forment d'abord deux ou trois lames isolées, qui bientôt se réunissent pour n'en faire qu'une seule, irrégulièrement festonnée à sa partie antérieure, et quelquefois divisée en cet endroit en deux feuillets : un supérieur, l'autre inférieur. Quelquefois la production des lames cornées n'empêche pas la cicatrisation, qui a lieu alors de bas en haut, en allant vers la racine où elle se terminera. La lame cornée continuera à croître comme un véritable ongle, mais sans recouvrir la pulpe du doigt, et il faudra alors la couper souvent pour l'empêcher, dans sa projection oblique, de trop dépasser le niveau de la face dorsale du doigt. D'autres fois, la production cornée empêche la cicatrisation, la peau du doigt rougit, son extrémité se gonfle énormément, devient bulbeuse, comme l'a dit Wardrop, ou mieux encore semblable à une spatule. La plaie est le siége de douleurs intolérables ; des traînées rouges sur les membres malades annoncent des lymphites, les glandes correspondantes s'engorgent, un état général grave peut se déclarer.

Dupuytren, Wardrop, Lélut, regardaient l'onglade comme une affection grave, pouvant entraîner la perte d'une partie du membre, peut-être celle de la vie. On voit dans certains cas, en effet, survenir la carie ou la nécrose de la phalange. Delpech en a cité des exemples. Lélut regarde comme une onglade terminée par gangrène le cas suivant, qu'il a observé en 1825, aux Enfants-Trouvés. « Chez un enfant de quelques jours atteint de muguet, le pourtour de la racine de l'ongle du doigt auriculaire droit, de l'annulaire et de l'auriculaire gauche, s'abcéda ; l'inflammation s'étendit, la gangrène s'empara de l'extrémité phalangettienne de chacun de ces doigts, qui tombèrent spontanément sans hémorrhagie ; la cicatrisation eut lieu aux trois plaies ; l'enfant mourut. On ne trouva dans le système vasculaire aucune lésion qui pût expliquer la promptitude de la gangrène. » Malheureusement cette observation est très-incomplète. Quelle a été la durée de l'affection locale, à quelle maladie l'enfant a-t-il succombé ? Était-il ou non atteint de syphilis ? Voilà des détails qui, pour avoir été omis, ôtent à l'observation une grande partie de son intérêt.

Enfin je dois signaler encore une autre variété d'onyxis syphilitique, qui se produit sous l'influence d'une ostéite ou d'une périostite, ayant pour siége la dernière phalange des doigts ou des orteils. On comprend que, dans ces cas, l'organe sécréteur de l'ongle subisse une altération plus ou moins profonde.

D'une manière générale, on peut dire que les diverses lésions des ongles dans la syphilis font partie de la période des accidents secondaires, et coexistent en général avec les éruptions cutanées. Il faut bien savoir cependant que l'accident primitif de la vérole peut se montrer au niveau de la matrice unguéale. Cullerier rapporte l'histoire d'un jeune homme qui, après s'être arraché une envie au doigt indicateur droit, toucha une femme infectée, et fut atteint d'un ulcère vénérien à l'endroit même où l'épiderme avait été enlevé. Dans ces cas, le diagnostic entre l'accident primitif ou l'accident consécutif n'est pas toujours facile à établir, si l'on tient compte uniquement des caractères objectifs de la lésion ; témoin le fait suivant cité par Cullerier : Une femme présentait près des ongles des orteils plusieurs ulcérations qui avaient l'aspect syphilitique ; cette femme disait n'avoir jamais vu d'hommes, mais elle se rappelait avoir marché, pieds nus, dans le crachat d'une femme atteinte de syphilis. Cette explication semblait peu concluante, et les caractères seuls de l'ulcération ne pouvaient permettre de dire si l'on avait affaire à l'accident primitif ou à un accident consécutif ; le diagnostic ne put être établi qu'après un nouvel examen dans lequel on apprit que cette femme avait eu des liaisons avec un habitant de la Suisse. L'onyxis à forme sèche appartient à la catégorie des accidents intermédiaires ou tardifs ; de même, dans un cas observé par Vidal, l'onyxis ulcéreux coïncidait avec une épididymite syphilitique. Cependant l'onyxis inflammatoire est quelquefois un symptôme précoce, d'autres fois tardif, suivant la forme élémentaire sous laquelle il se présente de prime abord.

De plus, on ne doit pas oublier que, dans la forme maligne de la vérole, les syphilides ulcéreuses se montrent comme première manifestation constitutionnelle ; seulement au lieu d'être circonscrites, elles sont alors disséminées sur toute la surface du corps. Dans un cas rapporté par Ricord, dans son *Iconographie*, l'onyxis syphilitique ulcéreux est apparu de très-bonne heure : « B... contracte, au mois de mai 1841, un chancre avec induration de sa base, et sans engorgement aigu des ganglions inguinaux. Trois semaines après l'apparition de

son chancre, le malade fut soumis à un traitement et
prit quatre-vingts pilules de Dupuytren. Au mois d'août,
sans aucun prodrome, ni de céphalée, ni de douleurs
rhumatoïdes, il se manifesta sur plusieurs points des
éruptions différentes ; sur le front et à la racine du nez
existent des croûtes volumineuses, dont la plus grande a
presque l'étendue d'un pièce de un franc. Ces croûtes sont
saillantes, coniques, ondulées, d'un noir verdâtre, un peu
adhérentes ; elles sont entourées d'une auréole d'un rouge
sombre, briqueté. Leur circonférence est plus molle et
formée par un cercle d'épiderme soulevé par la suppuration non encore desséchée et crustacée. En détachant
la croûte, on mettait à découvert une ulcération arrondie, d'une rouge vif, granulée, à bords taillés à pic. Il
existe des croûtes analogues sur l'aile du nez et la commissure des lèvres.

Au côté externe du gros orteil, il existe une ulcération
de même nature que les précédentes, mais non recouverte de croûtes, parce que la chaussure et la marche les
empêchent de se former. Ce qui frappe surtout, c'est la
précocité de l'éruption pustulo-crustacée et de l'onyxis
syphilitique.

J'ai vu cette année, dans le service de M. Guérin, à
l'hôpital Saint-Louis, un cas non moins curieux d'onyxis
syphilitique, apparaissant au début de la période secondaire, et coïncidant, non plus comme dans le cas précédent avec une syphilide pustulo-crustacée, mais avec l'accident primitif et une syphilide papuleuse du tronc et des
membres supérieurs. X..., couché au n° 57 de la salle
Saint-Augustin, a eu des rapports avec une femme dans
les derniers jours du mois de mai 1867 ; le 20 juin, il a
vu apparaître à la face interne du prépuce une ulcération
qui, depuis cette époque, a continué à s'accroître. Le 6
septembre, jour de l'entrée du malade à l'hôpial, on
constate la présence d'une large érosion chancreuse oc-

cupant la moitié supérieure de la face interne du prépuce
et une partie du gland. Il existe une adénopathie in-
guinale double, très-marquée du côté droit. On observe
sur les membres supérieurs et sur le tronc une syphilide papuleuse, dont le début remonte à une dizaine de
jours : c'est depuis la même époque que le malade a res-
senti des douleurs vives au niveau du gros orteil du pied
gauche, et aujourd'hui on constate l'état suivant : l'ongle
est déjeté, renversé en dehors, adhérent seulement par
son côté externe ; en même temps qu'une rougeur diffuse
occupant tout l'orteil, il existe une ulcération profonde,
circulaire, qui entoure l'ongle tout entier ; au-dessous de la lame cornée, il existe également une ulcération qui a à peu près l'étendue d'une pièce de 50 centimes, mais l'ulcération est surtout profonde au niveau
de la racine de l'ongle. On a évidemment affaire à un
onyxis syphilitique ; ce malade nous apprend que, pendant quelques semaines avant l'apparition de son chancre, il a éprouvé des douleurs assez vives, occasionnées
par l'irritation que déterminait le bord externe de l'ongle
sur le repli cutané correspondant ; mais il n'y avait à
cette époque aucune trace d'ulcération à ce niveau.
M. Guérin pense que le premier degré d'incarnation de
l'ongle a pu hâter l'apparition de cette manifestation syphilitique qui, dans le plus grand nombre des cas, est
beaucoup plus tardive. Il est, en effet, impossible d'admettre l'existence d'une simple incarnation de l'ongle
chez ce malade, car l'ulcération est indépendante de
l'ongle, et au lieu d'un bourrelet fongueux, il existe une
perte de substance considérable avec une suppuration
abondante et fétide autour de la lame cornée. (Protoiodure de mercure 0,05, pansement simple.) Le 21 octobre, il existe autour de l'ongle une ulcération large et
profonde n'ayant aucune tendance à la cicatrisation ; on
arrache l'ongle ; dès lors, on voit la plaie prendre un

meilleur aspect; la cicatrisation n'est complète que le 10 novembre.

Quel est le traitement de l'onyxis syphilitique? Tous les auteurs s'accordent à dire qu'il doit être local et général : localement, on aura recours aux émollients dans la forme humide, et aux pommades mercurielles dans la variété sèche. Une des indications les plus importantes du traitement local, c'est l'arrachement de l'ongle ; celui-ci devra être pratiqué dès que l'affection aura dépassé le premier degré dont j'ai parlé à propos des symptômes, c'est-à-dire dès qu'on n'aura plus de chance de voir la lame cornée se réappliquer sur le derme sous-unguéal. Dès que l'ongle sera décollé par une suppuration abondante, il faudra se décider à l'enlever; on soustraira ainsi une cause puissante d'irritation, et on aura la chance de voir le derme unguéal reprendre peu à peu ses propriétés, au point de sécréter une nouvelle lame cornée à peu près normale. Si, au contraire, on laisse l'ongle en place, jusqu'à ce qu'il tombe entraîné par la suppuration, sa matrice, en grande partie détruite par l'ulcère syphilitique qu'aura entretenu ce corps étranger, ne donnera plus naissance qu'à des productions cornées informes n'ayant aucun des caractères de l'ongle physiologique.

J'ai déjà dit que la forme sèche de l'onyxis était très-rebelle aux diverses médications dirigées contre elle ; aussi quelques chirurgiens se sont-ils décidés à arracher l'ongle dans ces circonstances; mais, chose curieuse, on a vu chaque fois, dans ces cas, l'ongle se reproduire avec la même altération et la même apparence. Rayer dit avoir vu ce phénomène se produire chez des malades qui avaient détruit avec la lime ou un canif presque toute la totalité des ongles ainsi altérés.

Quelle est l'influence du traitement mercuriel sur l'onyxis syphilitique? Dupuytren et les chirurgiens de son époque s'appuyaient précisément sur l'inefficacité du traitement mercuriel dans ces circonstances pour nier la nature syphilitique de l'onglade ; et à ce sujet, je ne puis mieux faire que de rapporter une observation consignée dans le mémoire de Lélut.

Ad. M..., fille publique, vingt-deux ans, entre pour la première fois à l'hôpital des Vénériens, pour un écoulement vaginal datant d'un mois, des plaques muqueuses aux grandes lèvres, et des ulcérations à l'extrémité inférieure de la nymphe droite. La malade prend trente-cinq doses de liqueur de van Swieten et quitte l'hôpital ; quelques semaines après, elle y rentre pour des rougeurs à l'anus, et des plaques muqueuses autour de l'orifice du vagin. Elle prend cette fois trente-trois doses de liqueur de van Swieten ; six mois après l'accident primitif, malgré ces soixante-huit doses de liqueur mercurique, elle est atteinte d'une inflammation de la matrice des ongles des deux index et du gros orteil droit. Ces ongles ne tardent pas à être en partie ébranlés ou détachés par une suppuration fétide et abondante, les surfaces suppurantes sont rouges, mamelonnées, très-sensibles. Pendant six mois, on fait subir à cette malade un traitement mercuriel par la liqueur de van Swieten, on se sert en topiques de plusieurs préparations mercurielles, et le mal persiste avec opiniâtreté. Voilà, certes, un bel exemple de l'insuffisance, ou pour mieux dire de l'impuissance du traitement mercuriel dans ces circonstances. Lélut rapporte une deuxième observation, dans laquelle un onyxis, évidemment de nature syphilitique, a été guéri en deux mois par le seul traitement local, sans que la malade ait été soumise à aucun traitement mercuriel.

J. L., veuve, trente-sept ans, fait à l'hôpital des Vénériens un premier traitement antisyphilitique mercuriel, pour un écoulement vaginal, des pustules cutanées et une ulcération de la commissure labiale droite. Sous l'influence du traitement par le sirop sudorifique avec addition de sublimé corrosif, tous ces accidents disparurent. Environ six semaines après, la malade, qui assure n'avoir eu depuis son traitement aucune fréquentation masculine, voit survenir des rhagades entre les orteils du pied droit. Le pourtour de l'ongle de l'index et du pouce gauches, du pouce et de l'index droits rougit, se tuméfie et s'abcède ; mêmes altérations au niveau des ongles des mains. Il y a bientôt déformation des ongles, impossibilité de marcher et de se servir des mains. On enlève les ongles malades, on panse les plaies avec du chlorure de soude étendu d'eau, et dès lors elles marchent vers la cicatrisation ; des lames cornées de nouvelle formation se montrent au niveau de la matrice des ongles, et sans avoir fait aucun traitement mercuriel, la malade sort de l'hôpital parfaitement guérie de son onyxis, après deux mois de traitement local.

Il est donc permis de penser que le traitement mercuriel, que l'on regarde à bon droit comme la pierre de touche de certains accidents syphilitiques, a une influence peu marquée sur l'onyxis ; il n'y a rien là de bien étonnant ; car, sans parler des accidents de la période tertiaire, il existe certains accidents précoces de la vérole, sur lesquels le mercure ne paraît avoir que très-peu d'action ; exemple : la céphalée qui résiste au mercure et cède rapidement à l'iodure de potassium. C'est donc sur le traitement local qu'il faut surtout compter dans ces circonstances, et lorsqu'il est bien dirigé, on peut compter sur une guérison rapide. Mon collègue, M. Landrieux, a bien voulu me communiquer l'observation suivante, dans laquelle un onyxis assez grave a été guéri en un mois, grâce à un traitement local énergique.

Coutard, Victor, vingt-trois ans, emballeur, a contracté, au mois de juin 1867, plusieurs chancres du sillon glando-préputial dont l'auto-inoculation a été suivie d'un résultat négatif. Roséole, plaques muqueuses buccales et cutanées au mois d'août. Le 8 octobre, le malade entre dans le service de M. Laillier, avec une manifestation syphilitique occupant la matrice des ongles et le derme sous-unguéal. La lésion est portée à son summum sur le doigt médius de la main gauche. La peau qui répond à toute la face dorsale et aux faces latérales de la phalangette est le siége d'une congestion marquée, avec tuméfaction considérable des tissus. Il y a une ulcération considérable de toute la matrice de l'ongle; cette ulcération se prolonge assez haut, remontant presque jusqu'à l'articulation de la phalangine avec la phalangette; elle se prolonge en bas pour envahir le derme sous-unguéal. Il existe des douleurs très-vives, une suppuration abondante et fétide et quelques hémorrhagies légères. La lame cornée est fortement ébranlée; en outre, il existe au niveau de la lunule une perte de substance considérable. Le pouce de la main droite est le siége d'une altération identique, mais moins étendue, car ici elle n'occupe qu'une partie du derme sous-unguéal. Celui-ci est le siége d'une ulcération qui donne naissance à une suppuration abondante; tout autour de l'ongle l'épiderme se détache, la lame cornée a subi une perte de substance dans les lamelles profondes. La matrice de cet ongle est aussi légèrement tuméfiée, et douloureuse à la pression. Sur les doigts médius et auriculaire de la main droite, et sur le pouce de la main gauche, il n'existe pas d'ulcération; il n'y a de malade que la lame cornée; l'ongle, dans ses parties profondes et dans des points isolés, a subi une perte de substance, ce qui fait qu'il est d'un blanc mat. Au gros orteil de chaque côté, on observe des signes d'inflammation au niveau de la matrice des ongles. Le 10 octobre, on excise avec des ciseaux les bords latéraux de l'ongle du doigt médius, on enlève l'épiderme décollé au pourtour de la lame cornée, et l'on fait avec le nitrate d'argent une cautérisation assez prolongée des diverses ulcérations des doigts.

26 octobre. A la face profonde des ongles de la main, on observe une augmentation considérable du tissu unguéal; seulement les lamelles épidermiques qui constituent ces couches profondes ont perdu toute cohésion et sont complétement dissociées.

2 novembre. Nouvelle cautérisation des ulcérations des doigts, qui sont aujourd'hui bien moins étendues.

10 novembre. L'ongle du médius de la main gauche se détache complétement ; au-dessous de lui, existe déjà l'ongle nouveau. Les ongles repoussent sur tous les doigts avec leurs caractères normaux.

SCROFULE.

Dans quelques traités anciens de médecine et de chirurgie, la scrofule unguéale est vaguement indiquée, ou confondue avec d'autres variétés d'onyxis. Delpech, le premier(*Clinique chirurgicale de Montpellier*), a reconnu et exprimé nettement que l'onyxis spontané pouvait devoir son origine à une affection scrofuleuse de la matrice des ongles.

Dans l'*Iconographie pathologique* de Lugol, on trouve l'observation d'un individu atteint de scrofule cutanée avec des manifestations unguéales. Il existait sur la face dorsale de tous les doigts de la main des végétations d'une ligne et demie à deux lignes de hauteur, séparées par des gerçures du derme, baignées d'un pus grisâtre. La matrice unguéale était profondément affectée, les ongles avaient une forme allongée, ils étaient tous déviés du côté du pouce ; leur face dorsale rugueuse était d'un gris foncé et tout à fait noire sur les ongles de l'annulaire et du petit doigt. Malheureusement, ces détails sur l'onyxis scrofuleux sont loin d'offrir la précision désirable.

Dans son livre sur la scrofule, M. Bazin nous dit que : sur les membres, c'est au voisinage des articulations, et notamment sur la face dorsale des doigts et des orteils, qu'on observe le plus souvent la *scrofule ulcéreuse*. Dans certains cas, les ulcères scrofuleux ont leur siége aux environs ou au-dessous des ongles.

Chez les enfants lymphatiques, on voit survenir spontanément une variété d'onyxis qui, d'après son siége, peut être distinguée en onyxis *sous-unguéal* et *rétro-unguéal*. La maladie occupe souvent tour à tour plusieurs orteils ou plusieurs doigts.

Dans l'*onyxis sous-unguéal*, la lésion s'annonce par de la chaleur et une douleur assez vive à l'extrémité du doigt. Le pus ne tarde pas à se former au-dessous de l'ongle, et sa présence est annoncée par une tache jaune sous-unguéale. Si la maladie fait des progrès, le pus s'accumule au-dessous de l'ongle, le décolle, et vient se faire jour à sa circonférence. Ces phénomènes ne se produisent pas sans que l'ongle devienne mobile et se détache peu à peu. Le lit de l'ongle alors mis à nu est rouge sensible, granuleux, et ne tarde pas à se recouvrir d'une couche cornée très-mince ; parfois il s'ulcère, et la solution de continuité est très-douloureuse, taillée à pic. Dans certains cas, l'os de la dernière phalange se gonfle considérablement, le doigt devient volumineux et son extrémité prend la forme d'une petite massue.

Dans la variété *rétro-unguéale*, le gonflement est surtout marqué vers la racine de l'ongle, il augmente lentement et forme un bourrelet d'un rouge livide. Plus tard, le bourrelet ulcéré se boursoufle et devient fongueux ; tout autour de ces fongosités facilement saignantes, baignées et salies par une humeur sanieuse et jaunâtre, on voit une sorte d'auréole livide très-foncée et irrégulière. Enfin l'ongle se déforme, se ramollit, devient noirâtre et se décolle en partie. En se détachant, il laisse à nu une surface rougeâtre, irrégulière, qui sécrète des productions cornées informes. Ces petites lamelles unguéales, qui se mêlent à la suppuration, prennent souvent une direction vicieuse et paraissent contribuer à entretenir l'inflammation des parties environnantes.

J'emprunte à la *Clinique chirurgicale* de Delpech l'observation suivante de scrofule unguéale : « Un villageois des environs de Montpellier, âgé de vingt-quatre ans, d'une grande taille, mais d'une constitution grêle, ayant éprouvé plusieurs symptômes scrofuleux dans son enfance, notamment des abcès froids dans les régions jugulaires et sous-maxillaires, se plaignait, vers la fin de 1820, d'une douleur accompagnée d'engorgement au gros orteil du pied gauche, laquelle rendait la marche pénible. Il survint bientôt une ulcération qui contourna d'abord la racine de l'ongle, et qui se répandit ensuite sous la face profonde de ce dernier, en sorte qu'il en fut isolé et entièrement détaché, excepté à sa racine ou son bord postérieur. L'isolement de ce corps, sa macération par la matière purulente, et les vices que sa sécrétion ou son organisation avaient éprouvés par l'état morbifique des parties environnantes, l'avaient renversé vers la face dorsale du pied, rendu mou, filamenteux, frangé et incapable de supporter le moindre effort. Il semblait faire office de corps étranger au milieu de l'ulcération des parties molles, et entretenir leur irritation. Aussi avait-on souvent entrepris sa destruction par l'arrachement ou des cautérisations fréquentes, ce qui ne l'empêchait pas de se reproduire tout aussitôt avec les mêmes défectuosités. Ce même état durait encore en janvier 1822. Le malade avait été admis à l'hôpital Saint-Éloi, en même temps qu'un autre individu atteint d'onglade syphilitique. Les apparences étaient les mêmes; mais la cause et par conséquent les conditions essentielles étaient bien différentes. Ce malade n'avait jamais encouru le danger d'une infection vénérienne, etc. Il fut mis à l'usage de la viande et du vin ; on prescrivit l'emploi alternatif des amers, des toniques et des substances alcalines. Localement, on eut recours d'abord aux cataplasmes et aux bains émollients, plus tard aux bains avec la dissolution de potasse pure, à l'application du baume vert de Metz, quelquefois à celle du muriate de mercure ou du nitrate d'argent. Le traitement dura près de quatre mois, mais son résultat fut aussi heureux que celui obtenu dans le cas d'onglade syphilitique par l'usage des préparations mercurielles. La cicatrice s'accomplit et la sécrétion ou l'organisation de l'ongle s'effectua dans les mêmes proportions ; la lame cornée recouvra sa consistance, sa couleur, et presque sa forme naturelle. »

Je dois signaler ici une autre variété d'altération scrofuleuse des ongles que j'ai observée cette année chez un petit malade de l'hôpital des Enfants, couché au n° 14 de la salle Saint-Michel. Cet enfant, âgé de cinq ans, présente plusieurs plaques de teigne tondante sur le cuir chevelu ; de plus, on rencontre chez lui tous les signes d'une cachexie scrofuleuse très-prononcée. Comme scrofulide bénigne, on observe sur la face une éruption presque confluente d'acné varioliforme. Il existe en même temps chez lui une scrofule osseuse caractérisée par une carie des deuxième et troisième métacarpiens de la main droite. Au niveau des os malades, la peau présente des ulcérations recouvertes par des croûtes épaisses d'un brun verdâtre. Les phalanges du pouce, de l'annulaire et de l'auriculaire de la main gauche sont le siége d'une ostéite médullaire, et ces trois doigts présentent au plus haut degré la variété de scrofulide à laquelle les auteurs ont donné le nom de *spina ventosa ;* ces trois doigts sont le siége d'un gonflement considérable, fusiforme, qui commence au

niveau de l'espace interdigital, et se termine au niveau de
la matrice de l'ongle, qui présente elle-même une tuméfaction notable. La pulpe de ces doigts est à peine augmentée de volume, mais la lame cornée unguéale présente
une altération assez curieuse. Elle est un peu plus épaisse
que celle des doigts de la même main qui n'ont pas été
envahis par l'altération osseuse; en même temps, elle
présente une étendue en surface plus considérable. Les
ongles de ces doigts ont une étendue transversale supérieure d'un demi-centimètre à celle des ongles restés sains :
leur longueur l'emporte à peu près de la même quantité
sur celle des autres ongles. La lame cornée a perdu une
partie de son adhérence au repli cutané dans lequel elle
est enchâssée ; une traction légère suffit pour lui imprimer un déplacement assez notable. Enfin, j'ai pu m'assurer que les ongles des doigts malades ont un accroissement en longueur beaucoup plus rapide que celui des
autres ongles restés sains. La première fois que j'exami-
nai le malade, je fus étonné de voir que sur les doigts
normaux l'extrémité libre de l'ongle dépassait à peine la
pulpe du doigt de quelques millimètres ; tandis que les
ongles des doigts malades avaient une longueur beaucoup
plus considérable. Leur extrémité libre avait un centimètre d'étendue ; au lieu de se porter directement en
avant, elle se recourbait brusquement au-devant de la
pulpe du doigt qu'elle recouvrait presque complétement.
Je me demandai alors si, dans la crainte d'occasionner
des douleurs à l'enfant, on n'avait pas respecté les ongles
des doigts malades, tandis qu'on aurait retranché l'extrémité libre de ceux qui étaient restés sains. Je coupai
aussi près que possible tous les ongles de la main gauche,
et après huit jours je pus constater que ceux des doigts
normaux s'étaient accrus d'un millimètre à peine, tandis
que l'extrémité libre des ongles malades avait déjà une
longueur de 2 millimètres.

Tous ces phénomènes trouvent leur explication dans l'état de subinflammation dont la matrice unguéale est le siége chez cet enfant. En effet, sous l'influence de l'ostéite médullaire qui occupe la troisième phalange, le derme unguéal, en contact immédiat avec l'os malade, devient le siége d'un état congestif qui retentit sur l'élaboration de la lame cornée. Un degré de plus dans l'état d'irritation de cette portion du derme, et l'on aurait un véritable onyxis de nature scrofuleuse.

Les deux affections que je viens de décrire sous les noms d'onyxis syphilitique et onyxis *scrofuleux* présentent un ensemble de symptômes qui ont entre eux une grande analogie. De plus, l'ongle incarné, longtemps abandonné à lui-même ou aggravé par des médications intempestives, pourrait prendre aussi des caractères qui le rapprocheraient beaucoup des variétés d'onyxis dont je viens de parler. Mais Dupuytren a donné dans ses leçons un excellent signe qui permettra presque toujours de reconnaître l'ongle incarné, même lorsque l'altération aura envahi une grande partie du lit de l'ongle. En effet, c'est toujours sur un des replis latéraux, et de plus à sa partie antérieure que commence l'altération qui constitue l'ongle incarné. Dans les onyxis syphilitique ou scrofuleux, au contraire, l'altération commence toujours au niveau du derme sous-unguéal ou rétro-unguéal.

Quant à la nature syphilitique ou scrofuleuse de l'onyxis, on arrivera à la reconnaître par les commémoratifs et par l'étude des symptômes concomitants. J'ai déjà dit que dans ces cas le traitement mercuriel ne pouvait plus être un élément du diagnostic, puisqu'il échoue le plus souvent dans l'onyxis syphilitique. Il est une autre circonstance qui pourra parfois éclairer le diagnostic de la nature de l'affection; tandis, en effet, que l'onyxis syphilitique apparaît sans l'intervention d'une cause extérieure quelconque, on voit le plus souvent la scrofule unguéale se manifester à la suite d'un traumatisme de la région de l'ongle ; on voit, en un mot, une lésion traumatique, qui, chez un individu bien portant, aurait été le plus souvent insignifiante, prendre dans ces cas un caractère ou pour mieux dire un cachet caractéristique de la constitution strumeuse.

L'observation suivante de MM. Legroux et Cousture vient à l'appui de cette manière de voir : « Bréchet Sophie, âgée de douze ans et demi, fut reçue à l'hôpital des Enfants malades le 25 avril 1827. Le gros orteil du pied gauche a été atteint d'une engelure l'hiver dernier : elle était à peu près guérie, lorsque cet orteil fut douloureusement contus par une personne qui marcha sur le pied de cette enfant. La matrice de l'ongle s'enflamma, devint le siége de douleurs assez vives et ne tarda pas à fournir une suppuration abondante et fétide. Pendant un mois, on employa alternativement sans succès les bains sulfureux locaux et généraux. A la fin du mois de mai, les bords et l'extrémité de la pulpe de l'orteil, et supérieurement toute la peau jusqu'à sa base étaient tuméfiés et violacés. A la racine de l'ongle, la peau gonflée formait un bourrelet semi-lunaire taillé à pic, de près d'une ligne d'épaisseur, ulcéré, grisâtre et granulé. La moitié antérieure de la matrice de l'ongle était ulcérée, boursouflée, fongueuse, noirâtre ou d'un rouge vif suivant la quantité de sang qui avait suinté. Les deux tiers antérieurs de la matrice de l'ongle fournissaient une suppuration sanieuse, abondante et fétide. Cette matrice de l'ongle présentait transversalement un espace elliptique, circonscrit par un bourrelet que formait la peau voisine tuméfiée. Au fond de cette dépression, on apercevait l'ongle, dont les deux tiers antérieurs détachés de la matrice étaient relevés et renversés d'avant en arrière sur la face dorsale. L'ongle ordinairement gris, parcouru par des lignes transversales, paraissait brunâtre lorsque du sang s'était écoulé de la surface de la matrice ulcérée. Il adhérait fortement à la peau par sa racine. Le 30 mai, l'ongle saisi avec une pince à dissection fut arraché en totalité ; il avait pour ainsi dire la forme d'une selle à cheval ; sa moitié antérieure relevée et brunâtre, et qui depuis longtemps n'avait plus aucune adhérence avec la peau, paraissait inégale et comme érodée ; la moitié postérieure et la racine étaient saines et lisses (pansement avec un linge fenêtré, recouvert de charpie). Après quelques jours, la plaie devient d'un rouge vif et fournit une suppuration de bonne nature. La teinte violacée et le gonflement de la peau qui existaient avant l'opération disparurent, et la cicatrisation de la plaie commença en se dirigeant de l'extrémité du doigt vers la racine de l'ongle. Le 8 juin, la plaie était un peu sanieuse, et l'ongle recommençait à poindre au fond de la rainure qui reçoit la racine (pansement avec des bourdonnets de charpie imprégnée de chlorure de chaux liquide). Ce traitement est continué pendant huit jours ; la plaie prend un bon aspect et sa cicatrisation marche. Le 12 juin, la plaie redevient sanieuse, l'ongle dépasse d'une demi-ligne environ le bord postérieur de la matrice, et forme un croissant dont la concavité est dirigée en avant. Le gonflement et la teinte violacée du gros orteil reparaissent. Le 13, toute la surface de la plaie est cautérisée avec le nitrate acide de mercure. Le 18, l'eschare se détache sous la forme d'une bouillie grisâtre ; la plaie est vermeille et fournit une suppuration assez abondante. »

Comme on le voit, cette affection est rebelle ; aussi dans cette variété d'onyxis qui se développe spontanément chez les scrofuleux, faut-il avoir recours à un traitement assez actif, si la maladie fait de rapides progrès et est rebelle aux moyens simples. C'est dans ces cas que Dupuytren conseillait d'enlever tout le lit de l'ongle à l'aide du procédé suivant : ce chirurgien pratiquait une incision assez profonde, demi-circulaire, à 7 millimètres au delà de l'origine apparente de l'ongle; il cernait ainsi en arrière tout le derme sous-unguéal, et disséquait d'arrière en avant, jusqu'au delà de la partie libre de l'ongle, un lambeau qui comprenait l'ongle et le derme sous-jacent. Mais il est préférable, avant d'avoir recours à une opération aussi radicale, d'enlever simplement l'ongle et de modifier la surface dermique sous-jacente à l'aide de plusieurs cautérisations avec l'azotate d'argent, ainsi que le recommande Béclard, ou mieux encore avec le nitrate acide de mercure, comme le conseille M. Gosselin. Dans certains cas de scrofule unguéale, on a vu survenir le gonflement et le ramollissement de la phalange correspondante du doigt; ces altérations sont suivies de fistules interminables, qui ont fait dans ces cas proposer l'amputation de la phalange.

Inutile de dire que dans les cas de ce genre, on devra épuiser toutes les ressources de la médication anti-scrofuleuse.

ARTHRITIS.

Sous ce nom doit-on entendre une manière d'être particulière à certains organismes et capable d'influencer leurs différents états morbides; ou bien une maladie constitutionnelle caractérisée par un certain nombre d'affections qui lui sont propres? C'est là une question que je ne dois pas discuter ici; je dirai seulement que, pour M. Bazin, certaines formes d'affections cutanées se rattachent directement à la maladie constitutionnelle arthritique : c'est ainsi qu'il admet un *eczéma*, un *lichen*, un *pityriasis*, etc., de nature arthritique.

J'aurais voulu pouvoir examiner ici toutes les affections unguéales se rattachant à l'arthritis; malheureusement, il ne m'a pas été donné d'observer les différentes affections génériques de l'ongle se rattachant à cette maladie constitutionnelle. Avec le concours de mon excellent collègue et ami M. Herbert, j'ai étudié dans le service de M. Bazin un cas d'eczéma unguium arthritique des mieux caractérisés.

Avant de citer cette observation, je dois faire remarquer le peu d'attention que les dermatologistes ont apporté dans l'étude de l'eczéma unguium. Rayer lui a assigné les caractères suivants : « Les ongles, d'un jaune verdâtre, sont séparés de leur matrice par une couche d'une matière jaune brunâtre, épaisse de 3 à 4 lignes, qui vers leur extrémité libre déborde leurs parties latérales. » L'auteur ajoute : « Cette matière exhale une odeur fade et nauséeuse, la section des ongles est douloureuse parce qu'elle ébranle leur racine, une humeur jaunâtre suinte quelquefois des parties latérales de l'ongle, qui alors est plus douloureux. » En attribuant ces derniers caractères à l'eczéma des ongles, l'auteur a certainement fait une erreur d'interprétation. « L'odeur fade et nauséeuse, la douleur déterminée par la section de l'ongle, l'humeur jaunâtre qui suinte de ses parties latérales », ce sont là autant de caractères qui n'appartiennent pas à l'eczéma proprement dit, mais à l'onyxis inflammatoire, dont il peut dans certains cas être le point de départ.

MM. Hardy et Cazenave ne font pas mention de l'eczéma unguium ; M. Devergie ne l'a pas non plus signalé, mais il a décrit sous le nom de *psoriasis unguium* une altération dont les caractères sont précisément ceux de l'eczéma.

Voici en effet ce qu'il dit à ce sujet : « L'altération apparaît d'abord à l'extrémité des ongles, ils prennent plus d'épaisseur, se couvrent de quelques saillies longitudinales et de cannelures. Ils se déforment, on voit l'extrémité de l'ongle s'épaissir, devenir opaque, grisâtre et présenter l'aspect d'une série de lames épidermiques mal jointes ; puis la maladie s'étend de la partie libre de l'ongle à la partie adhérente, en le déchaussant de plus en plus. En un mot, l'ongle s'épaissit considérablement par des couches transversales, il devient plus corné. » Tous ces signes sont précisément ceux qui caractérisent l'eczéma unguium, ceux du psoriasis sont bien différents ; on pourra facilement s'en convaincre par les observations que je rapporterai plus loin. « Chose remarquable, ajoute M. Devergie, les parties molles dans ces cas restent tout à fait saines, il n'y a pas de traces de psoriasis sur les autres points du corps. » Cette localisation de l'affection sur les ongles, et son absence sur les autres parties du tégument, expliquent l'erreur de M. Devergie et la confusion qu'il a faite entre l'eczéma et le psoriasis des ongles.

Je citerai plus loin une observation où cette affection générique était également limitée aux ongles, comme dans les cas observés par M. Devergie. Cette affection psoriasique des ongles, qui pour nous est un eczéma, pourrait dans certains cas, suivant M. Devergie, se présenter sous forme aiguë : « On apercevait distinctement autour de la partie de l'ongle qui va devenir malade, et sur la surface de l'ongle même, un liséré rouge inflammatoire, qui existe dans la substance même de la partie cornée de l'ongle, ou qui semble résider dans son épaisseur ; c'est par ce liséré que la maladie fait des progrès. » Je ne crois pas que d'autres observateurs aient signalé la présence de « ces surfaces rouges linéaires qui se montrent autour de la portion malade de l'extrémité libre de l'ongle, et qui persistent tant que l'affection s'accroît. » Il est possible que cette altération spéciale marque le début de l'eczéma des ongles ; dans les cas que j'ai observés, et où l'affection était arrivée à sa période d'état, elle n'existait certainement pas.

En me fondant sur les cas que j'ai observés, je crois pouvoir dire que l'eczéma unguium consiste dans une altération qui se caractérise avant tout par la présence, entre la lame cornée et le derme sous-unguéal, d'une couche plus ou moins épaisse de substance épidermique de formation nouvelle. Cette substance dure, noirâtre, d'apparence croûteuse, présente sa plus grande épaisseur au niveau du bord libre ; elle diminue à mesure qu'on se rapproche de la matrice de l'ongle. La lame cornée a subi un changement de direction qui varie avec l'épaisseur de la couche sous-jacente. Au lieu d'être convexe à sa face dorsale, elle devient horizontale et se dégage des replis cutanés qui couvraient ses bords latéraux. L'ongle eczémateux a quelquefois une forme cubique, et dans certains cas, c'est un cône dont le sommet répond à la pulpe du doigt. Du reste, l'observation suivante donnera une idée très-exacte de ces diverses déformations :

Pavillon Saint-Mathieu, n° 33. — Caliperl, soixante-sept ans, paveur, n'a jamais eu aucune maladie sérieuse ; on ne rencontre chez lui ni antécédents scrofuleux, ni antécédents syphilitiques. Ce malade raconte que, dans l'exercice de son métier, les ongles sont usés par le frottement contre la pierre, au point que les ouvriers ne sont jamais obligés de les couper. Du reste, le malade n'a jamais observé chez aucun de ses camarades de travail une affection des ongles analogue à celle dont il est atteint.

Il y a vingt-deux ans, le malade a vu paraître sur le jarret droit une plaque rouge, suintante, avec des démangeaisons ; elle a disparu après un traitement dont le malade ne nous rend pas bien compte. Après quelques années, l'affection a de nouveau reparu sur le jarret droit, sans se montrer jamais sur un autre point du corps ; elle a disparu après quelques mois de durée.

Il y a huit mois, une plaque rouge avec des démangeaisons et du suintement est apparue à la partie inférieure de la jambe et sur le dos du pied droit. Cette plaque était, au dire du malade, tout à fait analogue à celle qui s'est montrée autrefois sur le jarret. *Il y a environ six mois que les ongles des doigts d'abord, et ceux des orteils ensuite, sont devenus malades :* cette altération des ongles n'a jamais été le point de départ de douleurs vives ; le malade s'est plaint surtout d'un peu de difficulté à saisir et à sentir les petits objets.

État actuel, 15 novembre. — Sur la partie inférieure de la jambe droite, et sur le dos du pied du même côté, il existe une éruption qui se compose de plusieurs petites plaques arrondies, circulaires, assez sèches et recouvertes de petites croûtes d'une couleur jaune verdâtre. Sur le bord externe du même pied, il existe d'autres plaques analogues. A l'entrée du malade, M. Bazin reconnaît un eczéma lichénoïde circonscrit, eczéma modifié par suite de la position de l'affectation et des irritations qu'elle a dû subir. M. Bazin rejette l'idée d'un lichen parce que la plaque, qui existait autrefois sur le jarret, a disparu sans laisser de traces, parce que dans les premiers temps de l'éruption actuelle, il y a eu un suintement avec des démangeaisons modérées ; du reste, il n'existe au niveau de cette éruption aucun signe de grattage. M. Bazin reconnaît la nature arthritique de l'affection, à cause de son siége, de sa circonscription et de quelques antécédents rhumatismaux.

Les *ongles* des mains et des pieds sont malades ; sur les ongles des orteils la déformation est moins prononcée que sur ceux des doigts ; sur ces derniers, on trouve plusieurs types qui sont des degrés différents d'un même état. Ces différents degrés sont très-accusés sur la planche qui représente la main gauche du malade, et que je dois au crayon habile de mon ami le docteur Enguehard.

Dans un premier degré (doigt annulaire), l'ongle, au lieu de présenter une convexité à sa face supérieure, représente une surface plane ou légèrement concave. Il est

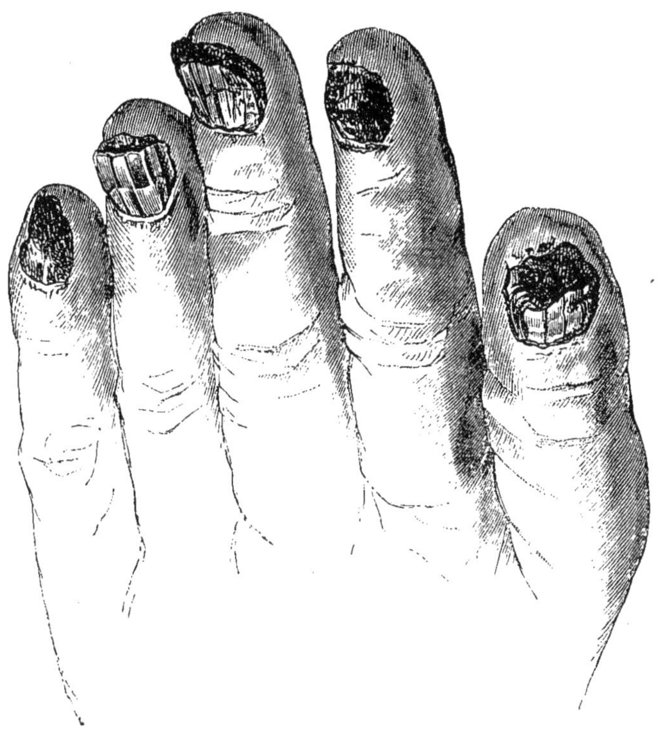

FIG. 1. — Eczéma des ongles.

dépoli, rugueux, inégal, et présente dans le sens vertical des sillons plus marqués qu'à l'état normal. Ce qui frappe surtout, c'est l'augmentation de l'épaisseur, qui atteint 4 millimètres sur le bord libre de la lame cornée ; sur ce bord libre, on remarque deux portions distinctes :

une supérieure, formée par la lame cornée de l'ongle, facilement reconnaissable, quoique modifiée dans son aspect ; une autre inférieure, croûteuse, beaucoup plus épaisse, noirâtre, rugueuse, fissurée dans tous les sens par des sillons irréguliers. Cette masse soulève l'ongle dans ses deux tiers inférieurs, et dans toute son étendue transversale ; aussi les bords latéraux ne sont-ils plus recouverts par les replis épidermiques correspondants. Le tiers supérieur de l'ongle n'est pas soulevé par cette substance de formation nouvelle, ce qui explique la concavité de la face dorsale à ce niveau (doigt médius).

Dans un degré plus avancé de la lésion unguéale, on retrouve la même altération notablement exagérée. La masse, de formation nouvelle, atteint une épaisseur de 1 centimètre au niveau du bord libre de la lame cornée (pouce gauche). Au lieu d'être limitée aux deux tiers inférieurs, elle s'étend jusqu'à la matrice unguéale ; aussi, au lieu d'être concave à sa face dorsale, l'ongle représente dans ce cas un plan oblique qui se dirige en haut, et forme avec le derme sous-unguéal un angle dont le sinus est mesuré par toute l'épaisseur du bord libre. Sur la partie moyenne de la face dorsale, on distingue encore une portion de lame cornée facilement reconnaissable ; mais, sur les parties latérales, il existe une espèce de fusion entre l'ongle et la masse sous-jacente. Cette fusion est établie par des fibres d'apparence cornée qui, partant de l'ongle, contournent ses bords pour aller disparaître dans la substance de formation nouvelle (pouce gauche). A ce degré, on remarque un écartement assez considérable entre le tissu corné de nouvelle formation et le derme sous-unguéal. Cet écartement, existant sur les bords de l'ongle et à la pulpe du doigt, permet d'apercevoir une portion dénudée du derme. En exagérant cet écartement, on produit une douleur notable.

Sur d'autres ongles (indicateur gauche), la lame cornée n'existe plus que par petits fragments isolés. Dans un degré plus avancé encore (auriculaire gauche), elle a complétement disparu, et on ne trouve plus qu'une masse noirâtre, rugueuse, irrégulière, se terminant en pointe à son extrémité, et présentant sur toute sa hauteur des sillons verticaux, parallèles, dont quelques-uns établissent de véritables dissociations de la masse. Tout autour de cette dernière existe un sillon profond d'écartement, qui laisse voir une partie du derme sous-unguéal.

EXAMEN MICROSCOPIQUE DES ONGLES.

Cet examen a été fait, sous la direction de M. Ranvier, par mon ami M. Spilmann, qui a eu l'obligeance de reproduire dans des dessins d'une remarquable exactitude les altérations observées sous le champ du microscope.

Sur des coupes perpendiculaires à la surface de l'ongle, on aperçoit à un faible grossissement (fig. 2), des travées assez épaisses qui limitent des espaces plus ou moins considérables, dans lesquels on distingue des cloisons limitant des aréoles arrondies, les unes petites et d'autres plus grandes, qui semblent être le résultat d'une confluence.

En traitant ces coupes par une solution de potasse à 40 pour 100, on reconnaît que les travées ainsi que les cloisons sont constituées par des cellules épidermiques cornées, accolées les unes aux autres, car le réactif les détache successivement en transformant chacune d'elles en un globe d'une grande transparence (fig. 3).

La lame cornée unguéale proprement dite ne présente aucune altération, ce qui prouve bien que sur les ongles où la lame cornée subsiste, le repli cutané qui entoure leur

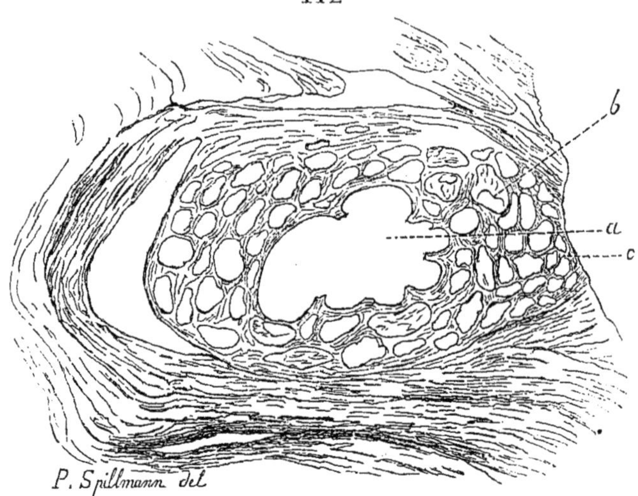

Fig. 2. — *a*, grandes vacuoles résultant de la transformation vésiculeuse des cellules de l'épiderme; *b*, vacuoles provenant de la confluence de cellules plus petites; *c*, travées formées par l'adossement des cellules épithéliales cornées.

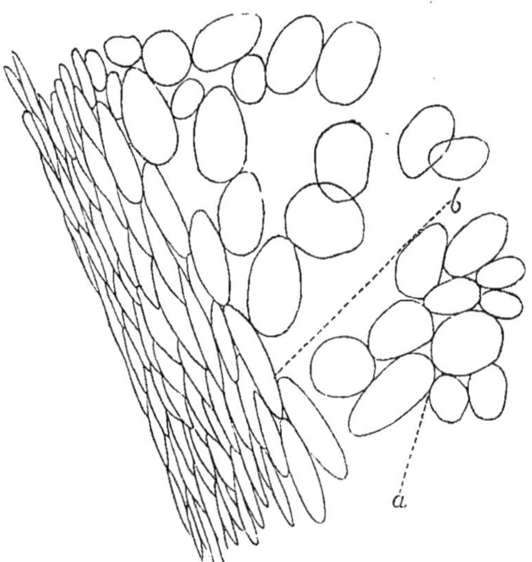

Fig. 3. — Travées traitées par la potasse à 40 °/₀. — Cellules dissociées transformées en autant de globes transparents : en *a* la dissociation est complète, en *b* elle commence.

racine, la matrice proprement dite, n'a pas encore été envahi par l'eczéma.

Les *vacuoles*, dont nous avons parlé tout à l'heure, sont probablement le résultat d'une *transformation vésiculeuse* de quelques cellules épithéliales du lit de l'ongle, transformation que l'on observe chaque fois qu'il y a irritation formative des éléments épithéliaux.

Nous reproduisons dans les figures 4 et 5 le processus qui aboutit à la *transformation vésiculeuse* de l'épiderme. Les premières modifications s'observent dans les noyaux;

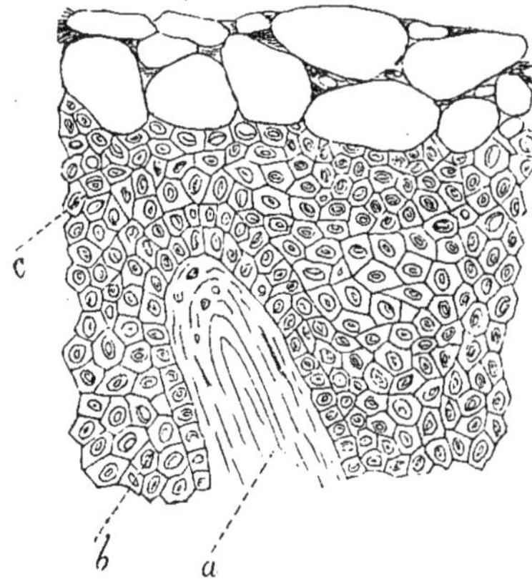

FIG. 4. — Irritation de la peau. — Modifications qui surviennent dans l'épiderme : *a*, papille ; *b*, cellules épidermiques qui la recouvrent ; *c*, noyaux devenus vésiculeux par l'accumulation de liquide dans le nucléole. — La couche cornée est remplacée par une couche muqueuse formée par des vésicules développées aux dépens des cellules · — Entre ces vésicules se trouvent des travées résultant de la fusion des cellules épidermiques.

elles consistent dans une accumulation d'un liquide séreux d'abord dans le nucléole, de telle sorte que celui-ci *se développe en vésicule*. Plus tard, la cellule elle-même participe à l'altération, et il peut se faire, si l'irritation est intense, que la couche cornée de l'épiderme soit

entièrement représentée par une série de vésicules contenant un liquide séreux ou muqueux. A ce sujet, nous ne
saurions mieux faire que de citer le passage suivant :

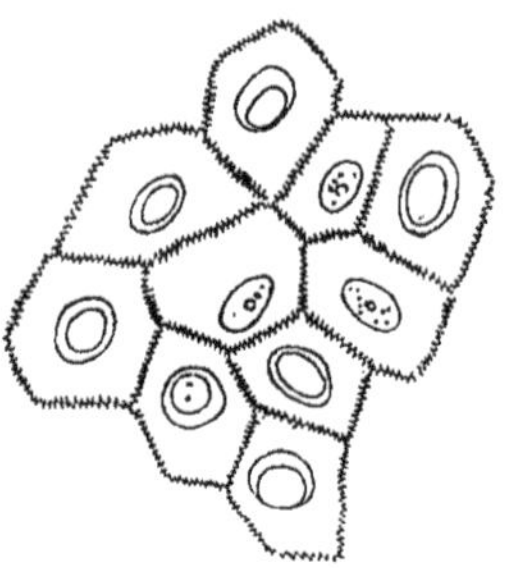

Fig. 5. — Cellules épidermiques engrenées du corps de Malpighi.
Transformation vésiculeuse des noyaux.

« Cette transformation est commune; on la rencontre au
voisinage des tumeurs, et dans les cas où la peau a subi
une irritation, même légère. Elle donne lieu à une forme
particulière des noyaux affectés, sur laquelle je veux insister parce qu'elle n'a pas été décrite, et qu'elle est en
rapport avec la disposition et les fonctions des nucléoles,
telles que les comprend M. Balbiani. Constatons, d'a-
bord, que la transformation vésiculeuse des noyaux est
due à l'accumulation d'un liquide, ou d'une substance
transparente et peu réfringente dans le nucléole, car elle
s'annonce par l'hypertrophie de ce nucléole, et quand elle
est complète, on ne trouve plus de traces de celui-ci dans
ce qui reste de la substance du noyau. Constatons ensuite
qu'une vésicule développée dans un noyau est limitée par
une circonférence excentrique à celle qui circonscrit le
noyau, de telle sorte qu'à deux pôles opposés de celui-ci
se trouve, à l'un l'épaisseur *minima*, à l'autre l'épaisseur
maxima. » (Ranvier, *Structure des exostoses sous-unguéales*; *Journal de l'anatomie et de la physiologie*,
1866.)

Mon collègue, M. Reverdin, a eu l'obligeance de me faire voir dans le service de M. Bernutz, à la Pitié, une malade qui présentait un *eczéma des ongles*, également de nature arthritique :

Béal, âgée de soixante-sept ans, raconte qu'elle a vu apparaître, il y a quinze ans, sur la face dorsale de l'avant-bras droit, une dartre humide avec des démangeaisons très-vives. Cette dartre a persisté pendant trois ans. Depuis douze ans, cette femme n'a plus eu ses règles ; depuis cette époque, elle a eu souvent des furoncles en différents points du corps ; elle a présenté également une éruption confluente d'acné rosé sur le nez et les joues, éruption qui persiste aujourd'hui d'une façon très-marquée. Cette malade a eu souvent des douleurs rhumatismales dans les membres inférieurs. C'est également depuis la ménopause que les *ongles du pouce* d'abord, puis du médius, et enfin des deux derniers doigts de la main droite sont devenus malades, et cela sans qu'il y ait eu coexistence d'aucune éruption cutanée.

Aujourd'hui, 1er février 1868, l'ongle du pouce droit, rugueux, opaque, présente un épaississement qui va en augmentant de la racine vers l'extrémité libre, épaississement tel que les bords latéraux de l'ongle, vers leur partie moyenne, sont surélevés de 3 millimètres au-dessus des replis épidermiques correspondants. L'épaississement, déjà très-notable au niveau de la racine, atteint 6 millimètres au niveau de l'extrémité de l'ongle. La lame cornée, dans toute son étendue, est soulevée par une substance noirâtre, rugueuse et très-dure. Tout autour de cet ongle du pouce, il existe un sillon d'écartement qui le sépare du derme sous-jacent. L'ongle de l'annulaire est surtout remarquable par sa couleur d'un blanc jaunâtre, son aspect rugueux et strié longitudinalement ; ici la lame cornée a conservé une direction parallèle au derme sous-unguéal, ses bords latéraux continuent à être

recouverts par les replis épidermiques. Il existe néanmoins au-dessous de l'ongle proprement dit, une substance croûteuse de formation nouvelle qui donne au bord
libre une épaisseur de 2 millimètres. Cette couche sous-
jacente, qui s'accumule progressivement, a déjà été plusieurs fois assez abondante au niveau du bord libre pour
déterminer une irritation douloureuse de la pulpe du
doigt et forcer la malade à l'enlever.

Sur l'auriculaire, la production de substance cornée
est plus abondante encore que sur les autres doigts.
L'ongle a la forme d'une masse cubique dont l'épaisseur
va en augmentant, à mesure qu'on s'approche du bord
libre, où elle atteint un centimètre. Cette extrémité libre
est rugueuse, fendillée, formée par une substance dure et
grisâtre. Sur la partie moyenne de la face dorsale de cet
ongle, il existe une crête médiane, formée par la réunion
des deux plans latéraux obliques qui ont chacun 8 millimètres de hauteur, à leur partie moyenne. Tout autour
de la production cornée nouvelle, il existe un sillon d'é-
cartement qui sépare l'ongle du derme.

Les ongles de la main gauche ne sont pas malades ;
cependant celui du pouce qui présente une épaisseur
normale est remarquable par la présence de sillons longitudinaux profonds, juxtaposés, et couvrant toute la face
dorsale de l'ongle sous forme de cannelures.

Les ongles du pouce et de l'auriculaire de la main
droite, considérablement augmentés en épaisseur, ont
cessé de croître en longueur ; la malade n'a jamais eu
besoin de les couper ; ils s'écaillent à leur extrémité, lorsqu'ils sont soumis à des frottements un peu rudes, ceux,
par exemple, que détermine l'action de laver le linge.
Sur ces ongles, il n'existe plus rien qui rappelle la lame
cornée unguéale ; c'est une substance uniforme, grisâtre,
rugueuse, irrégulière. Sur l'annulaire, au contraire, au-
dessous de la couche jaunâtre et striée, qui représente la

lame cornée, on distingue facilement la substance sous-
jacente de formation nouvelle.

L'examen histologique des ongles fait chez M. Ranvier
par mon collègue et ami Spilmann a révélé des altérations
entièrement identiques avec celles que j'ai décrites dans
l'observation précédente.

Dans l'eczéma unguium, il y a deux choses importantes
à établir : 1° le diagnostic du genre, 2° le diagnostic et
par conséquent le traitement de la maladie. — Le diagnostic du genre se fera en s'appuyant sur la coexistence
de l'affection dans d'autres points du corps ; ce caractère
peut cependant manquer, l'observation précédente en est
la preuve ; mais on pourra toujours arriver au diagnostic
à l'aide des caractères anatomiques de l'ongle lui-même.

M. Bazin établit le diagnostic de la maladie en se fondant sur les signes de l'éruption dans les autres points du
corps et sur les antécédents du malade. Comme il est
facile de le comprendre, cette dernière partie du diagnostic est de la plus haute importance, puisque c'est
d'elle que découle l'indication du traitement. D'après
M. Bazin, l'eczéma unguium serait le plus souvent de nature
arthritique et réclamerait l'emploi des alcalins ; le psoriasis des ongles, au contraire, serait le plus souvent de
nature herpétique, et réclamerait un traitement tout
différent du précédent. Cette considération seule suffit
pour montrer toute l'importance du diagnostic de la maladie dans ces circonstances.

J'ai dit tout à l'heure que le diagnostic du genre pouvait être établi d'après les caractères anatomiques de
l'ongle lui-même ; le caractère fondamental de la lésion
consiste dans une production exagérée de substance
cornée, et dans l'épaississement de l'ongle. Mais, me
dira-t-on, n'est-ce pas là aussi le caractère de l'onycogriphose ou hypertrophie des ongles ? et dans les cas spécialement où l'altération était limitée aux ongles, votre

eczéma unguium n'était-il pas tout simplement une difformité hypertrophique, comme il est fréquent d'en rencontrer chez les vieillards?

En examinant les ongles des vieilles femmes de la Salpêtrière, j'ai observé en effet chez beaucoup d'entre elles, mais seulement sur les ongles des orteils, un épaississement souvent très-notable de la lame cornée, qui aurait pu, au premier abord, être pris pour un eczéma. Mais disons d'abord que l'eczéma unguium s'observe plus souvent sur les doigts que sur les orteils, tandis que le premier degré de l'onycogriphose, qui pourrait en imposer pour un eczéma, ne se rencontre jamais que sur les ongles des pieds. De plus, en examinant attentivement l'ongle malade, on reconnaît que l'altération est bien différente dans les deux cas. D'une part, en effet, c'est une production cornée nouvelle, rugueuse, fissurée, assez peu cohérente pour s'exfolier sous l'influence du frottement, production qui soulève l'ongle sans jamais se confondre avec lui; d'autre part, c'est un ongle développé outre mesure, très-dur, mais homogène et dans lequel il est impossible de distinguer deux portions différentes.

Il faut bien en convenir, cependant, l'eczéma unguium est difficile à distinguer du lichen et du pityriasis des ongles, si l'on s'appuie uniquement sur les caractères objectifs de l'ongle malade. J'ai même plusieurs fois entendu dire à M. Bazin que ce diagnostic différentiel était impossible.

L'observation suivante, recueillie dans le service de M. Laillier par mon collègue M. Landrieux, montrera les analogies qui existent entre le lichen et l'eczéma ungium (*Lichen pilaris, Lichen unguium*). Lascaze, vingt-deux ans, manœuvre, est atteint d'une affection cutanée qui a commencé il y a trois ans, et a disparu plusieurs fois depuis cette époque. Il y a un an, ce malade est entré dans le service de M. Laillier, qui a reconnu chez lui l'existence

d'un lichen pilaris. Ce malade rentre de nouveau, le 15 novembre 1867, avec une éruption occupant diverses régions,
et n'offrant pas partout la même disposition. Au cuir
chevelu, on constate une desquamation très-abondante,
l'épiderme est réuni par écailles furfuracées formant une
couche épaisse, blanchâtre en certains points; ailleurs ce
sont des lamelles épidermiques très-fines, parsemant les
cheveux ; jamais, au dire du malade, il n'y a eu de suintement au cuir chevelu ; à la face dorsale du poignet, de
la région métacarpienne, et au niveau de la partie moyenne
de la première phalange des doigts, on observe une multitude de saillies extrêmement petites, du volume de la
tête d'une épingle, isolées les unes des autres, mais néanmoins assez rapprochées; au centre de ces saillies, on
observe un petit point noir, et la plupart sont traversées
également à leur centre par un poil plus ou moins long.
A la face dorsale de la première phalange, il y a un véritable disque formé par ces saillies. Du reste, la peau qui
les sépare n'est modifiée ni dans sa coloration, ni dans
son épaisseur. Il n'en est pas de même de celle qui répond
aux deux dernières phalanges des doigts, à la face dorsale comme à la face palmaire. Là, l'épiderme paraît
d'une mince épaisseur, et a un aspect lisse, cassant,
comme macéré; il présente une multitude de plicatures
extrêmement superficielles.

Les *ongles* des mains présentent les altérations suivantes : Leur face dorsale présente des stries longitudinales, de véritables sillons assez profonds. La lunule
unguéale se dessine nettement. Immédiatement au-dessous d'elle, le derme sous-unguéal présente une coloration rosée assez intense, ce qui s'explique par la minceur
de l'ongle à ce niveau. Au contraire, à leur extrémité
terminale, au lieu de présenter un amincissement, les
ongles sont épaissis. A ce niveau, la face dorsale de l'ongle
a pris une teinte blanchâtre, un aspect dépoli; de plus, à

sa face inférieure, l'ongle proprement dit se trouve renforcé par une couche abondante de cellules épidermiques, qui adhèrent intimement à l'ongle et au derme sousunguéal. Les ongles des deux pouces présentent cette altération au maximum ; leur extrémité libre est soulevée par une masse croûteuse, brunâtre, de 4 millimètres d'épaisseur. Les ongles ne sont jamais tombés, le malade ne souffre pas de cet état morbide ; néanmoins il indique que lorsqu'il est au bain, et au bout d'un certain temps, il éprouve un sentiment de resserrement qui correspond aux bords latéraux de chaque ongle, et qui le force à retirer ses mains de l'eau. On pourrait, peut-être, expliquer l'apparition de cette douleur par l'absorption qui se fait à l'intérieur des cellules épidermiques de nouvelle formation, absorption endosmotique qui produirait le gonflement de toute cette substance épidermique collectée au-dessous de l'ongle. Les ongles des pieds présentent la même altération, et à un degré plus prononcé encore ; la genèse épidermique due au derme sous-unguéal est ici bien plus abondante qu'au niveau des ongles des doigts.

Le caractère qui pourrait le mieux servir à différencier cette altération lichénoïde des ongles d'avec l'eczéma unguium, c'est la modification moins prononcée de la lame cornée, et en particulier l'intégrité de sa transparence qui permet de reconnaître les différences de coloration de la lunule et du derme situé au-dessous. Ici l'altération est limitée à l'extrémité libre des ongles et n'envahit qu'une petite portion de leur étendue.

Je n'ai jamais observé le pityriasis des ongles, et les auteurs de dermatologie ont gardé sur ce sujet un silence absolu et unanime. Rayer cependant, sans décrire cette altération, lui a consacré quelques lignes ; il dit que l'exfoliation épidermique, dans certains cas de pityriasis, peut s'étendre sur les doigts et même au-dessous des ongles ; il raconte avoir vu des individus atteints de pityriasis généralisé, chez lesquels les doigts devenaient roides, durs et douloureux surtout à leur extrémité et à la racine des ongles. Très-souvent alors, l'épiderme se détachait comme un gant depuis le poignet jusqu'au bout des doigts. Les ongles, après leur chute, repoussaient graduellement d'abord avec beaucoup de douleur. Chez ces mêmes individus, les ongles étaient en général remplacés par de nouveaux, six mois après.

HERPÉTISME.

La maladie constitutionnelle herpétique présente, elle aussi, des manifestations unguéales ; presque toujours, dans ce cas, l'affection générique est le *psoriasis*.

Le psoriasis unguium est certainement plus fréquent que l'eczéma, aussi a-t-il attiré davantage l'attention des observateurs. On lit dans l'ouvrage de Rayer : « Le psoriasis palmaire peut gagner la matrice unguéale, qui devient le siége d'une inflammation chronique ; les ongles s'épaississent, se recourbent, se fendillent et finissent par se détacher. Ils sont remplacés par d'autres qui peuvent subir eux-mêmes une semblable altération. » Dans tous les cas que j'ai observés, je n'ai pas vu l'épaississement de l'ongle dont parle Rayer.

M. Cazenave a signalé en ces termes l'altération des ongles dans le psoriasis : « Biett a décrit dans ses *Leçons cliniques* une variété remarquable qui existe souvent avec d'autres formes, et surtout avec le psoriaris guttata. La maladie gagne la matrice de l'ongle, la sécrétion de ce dernier est viciée, il se contourne, se couvre d'aspérités, devient inégal et lamelleux. » Le même auteur ajoute : « Cette complication accompagne fréquemment le lichen qui pénètre la racine de l'ongle. »

Enfin, M. Hardy a donné de l'affection qui nous occupe la description suivante : « A côté du psoriasis palmaire et plantaire, nous devons placer le psoriasis unguium ; cette variété existe quelquefois seule, et alors elle est très-souvent méconnue, le plus souvent elle coïncide avec la précédente. Le psoriasis unguium est caractérisé par des rainures profondes donnant aux ongles un aspect très-inégal. Souvent l'ongle tombe, et est remplacé par une croûte écailleuse, qui finit elle-même par se détacher aussi ; mais si l'on a eu recours à un traitement convenable, l'ongle repousse d'une façon toute naturelle. »

Ainsi, pour Rayer, les ongles s'épaississent, se recourbent, se fendillent ; pour M. Cazenave, ils se contournent, se couvrent d'aspérités, deviennent lamelleux ; enfin, pour M. Hardy, ils se couvrent de rainures profondes qui leur donnent un aspect très-inégal. Les descriptions de Rayer et Cazenave sont, à mon avis, beaucoup trop vagues, et les signes qu'ils nous donnent ne pourraient certainement pas permettre de reconnaître le psoriaris unguium à la seule inspection de l'ongle. La présence de rainures profondes signalées par M. Hardy, a une valeur beaucoup plus grande ; ce signe existait à un degré très-marqué chez un malade que j'ai observé chez M. Bazin, et dont mon ami M. le docteur Enguehard a bien voulu me dessiner les ongles les plus déformés.

Mais ces rainures de la face dorsale de l'ongle n'existent que lorsque l'altération unguéale est déjà très-avancée ; et les signes qui marquent le début de l'affection n'ont été, je crois, signalés par aucun auteur. Ils consistent dans un amincissement notable de la lame cornée, amincissement qui permet de voir par transparence le derme sous-unguéal, beaucoup plus distinctement qu'on ne peut le faire à l'état normal. Presque en même temps, on voit survenir un signe d'une grande importance, et pour ainsi dire pathognomonique du psoriasis unguium, c'est l'*état pointillé* de la lame cornée. Cet état pointillé, qui n'a été décrit par aucun auteur, et que je n'ai trouvé signalé que dans l'observation de syphilis unguéale empruntée à M. Lancereaux, est au début très-peu apparent. Ce sont de petites dépressions d'abord peu nombreuses, et atteignant à peine le volume de la tête d'une épingle ; pour les apercevoir au début, il faut regarder l'ongle à contre-jour. Elles représentent de véritables desquamations ou pertes de substance très-superficielles de la lame cornée ; du reste, celle-ci a conservé, au niveau de ces petites dépressions, son poli et sa transparence normale. J'ai constaté très-nettement cette altération initiale chez un malade de M. Bazin atteint d'un psoriasis guttata généralisé, remontant à deux mois. L'ongle du médius présentait au niveau de la lunule deux dépressions arrondies assez profondes, du volume de la tête d'une épingle, et apparues depuis huit jours. Sur les autres ongles, il existait également d'autres dépressions ayant les mêmes caractères. Huit jours après, ces dépressions de la lame cornée s'étaient notablement accrues en largeur et en profondeur ; elles étaient aussi devenues plus nombreuses.

L'état pointillé marque donc le début de l'altération unguéale ; à mesure que les dépressions s'accroissent, elles se réunissent pour former des pertes de substance plus considérables, de véritables rainures. A une période plus avancée encore, les ongles tombent ; dans certains cas, cependant, on voit cette chute de l'ongle se produire sans qu'il ait présenté de rainures. Ainsi, chez le malade de M. Laillier dont je rapporte plus loin l'observation, les ongles des mains sont tombés sans avoir présenté d'autres altérations que l'amincissement général et l'état pointillé.

Il est important de signaler que les dépressions dont je viens de parler apparaissent d'abord sur la lunule, immédiatement au devant du repli épidermique qui la limite en arrière; on les voit ensuite s'avancer progressivement à mesure que l'ongle s'accroît. Ce caractère nous prouve que l'altération de l'ongle a son point de départ dans une modification fonctionnelle imprimée par le psoriasis à la matrice unguéale proprement dite. Celle-ci élabore une substance cornée qui n'a plus ses caractères normaux, et qui, en se desquamant, donne naissance d'abord à l'état pointillé et ensuite aux rainures profondes, lesquelles sont suivies à leur tour de la chute de l'ongle.

Comme il est facile de le voir, le psoriasis imprime aux ongles une altération qui consiste dans un amincissement progressif; dans l'eczéma, au contraire, ce qui caractérise avant tout l'altération, c'est une sécrétion plus abondante de substance cornée, qui donne à l'ongle une épaisseur souvent considérable. Ici ce n'est plus la matrice unguéale qui est malade; en effet, l'altération n'apparaît pas d'abord au niveau de la lunule, pour se rapprocher ensuite progressivement du bord libre; la modification fonctionnelle a son siége dans le derme sous-unguéal; aussi, tandis que la matrice continue à élaborer l'ongle proprement dit, le derme sous-unguéal devient le siége d'une production épidermique exagérée qui donne à l'ongle une grande épaisseur, lui fait perdre sa transparence et son poli, et lui imprime une direction anormale. Cette exagération dans la production de substance cornée commence d'abord par la portion du derme sous-unguéal la plus voisine du bord libre; et c'est là qu'elle est surtout prononcée, puisque c'est à son bord libre que l'ongle présente son épaisseur la plus grande. L'altération envahit ensuite de bas en haut tout le derme sous-unguéal, mais la matrice reste saine pendant longtemps, puisque sur des ongles déjà très-malades la lame cornée est encore facilement reconnaissable. Elle est enfin envahie après un temps plus ou moins long; alors survient le degré le plus prononcé de l'altération, l'ongle n'est plus représenté que par une masse cornée irrégulière, fissurée dans tous les sens.

Je crois donc être en droit de conclure que l'eczéma et le psoriasis impriment aux ongles des altérations assez différentes dans leur nature et leur forme pour qu'on puisse différencier ces deux affections par la seule inspection de l'ongle malade. D'une part, un amincissement général, un état pointillé, des rainures transversales apparaissant d'abord au niveau de la lunule, et se déplaçant à mesure que l'ongle s'accroît; d'autre part, une altération qui a son siége non plus dans la lame cornée, mais au-dessous d'elle, altération commençant d'abord à l'extrémité libre pour envahir le lit de l'ongle de bas en haut. En un mot, le psoriasis unguium a son siége dans la matrice unguéale proprement dite; l'eczéma, au contraire, envahit le lit de l'ongle.

Le diagnostic différentiel entre l'eczéma et le psoriasis unguium a, comme je l'ai déjà dit, une importance capitale au point de vue du traitement, surtout dans les cas où l'affection est limitée aux ongles. L'eczéma unguium, étant le plus souvent de nature arthritique, sera traité par les alcalins; le psoriasis, au contraire, est presque toujours une manifestation herpétique, et réclame l'emploi des arsenicaux.

A l'appui de la description que j'ai donnée du psoriasis unguium, je vais citer les quelques observations que j'ai recueillies à l'hôpital Saint-Louis.

Psoriasis unguium. Rainures transversales de la lame cornée. — Pavillon Saint-Mathieu, service de M. Bazin. — Bouley, quarante et un ans, employé de bureau, a vu apparaître, vers l'âge de vingt-cinq ans, des crevasses accompagnées de squames, à la paume des mains et à la plante des pieds. Il y a environ dix ans que le psoriasis, d'abord limité aux mains et aux pieds, a gagné les genoux et les coudes. Il y a cinq ans, ce malade a éprouvé des douleurs vives dans les ongles, douleurs qui gênaient le travail et même le sommeil ; la pression sur l'ongle exagérait ces douleurs, elles ont disparu après cinq ou six applications d'huile de cade. Lorsque le malade est entré dans le service de M. Bazin, au mois de novembre 1867, il présentait une éruption de plaques psoriasiques bien marquées, éparses sur tout le corps ; il a été immédiatement soumis au traitement du psoriasis herpétique (huile de cade, bains alcalins, solution arsenicale). Après deux mois, le psoriasis des mains, qui, à l'entrée du malade, occupait les faces dorsale et palmaire et toute la longueur des doigts, est notablement amélioré ; il reste un certain épaississement de la peau avec de légères rugosités ; cet épaississement est surtout marqué à la face palmaire, où il y a des crevasses et un état fendillé de l'épiderme.

La couleur des ongles est normale, abstraction faite de la coloration qui leur a été donnée par l'huile de cade. Leur épaisseur est un peu diminuée ; la lame cornée de l'ongle présente une incurvation antéro postérieure qui rappelle un peu l'ongle hippocratique ; il n'y a d'ailleurs chez ce malade aucun signe de tuberculisation pulmonaire. Le tiers supérieur de l'ongle paraît sain ; il y a quelques mois, il était le siége d'une altération semblable à celle qui existe aujourd'hui sur la partie inférieure de la lame cornée : cette disposition prouve que l'affection unguéale est en voie de guérison et tend à disparaître, puisque l'ongle repousse avec ses caractères normaux. Dans les deux tiers inférieurs de la lame cornée, il existe des rainures transversales de plus en plus marquées à mesure qu'on se rapproche du bord libre ; les dernières apparues sont les moins profondes ; c'est là encore une preuve de l'amélioration de cet état morbide. De ces sillons, les plus inférieurs occupent toute la largeur de l'ongle, les autres n'occupent qu'un point sur la ligne médiane, ou deux points symétriques sur les parties latérales, points

séparés par une portion intermédiaire saine. Tous les
ongles des mains sont plus ou moins affectés; ceux des
deux pouces sont les plus malades, les sillons y sont

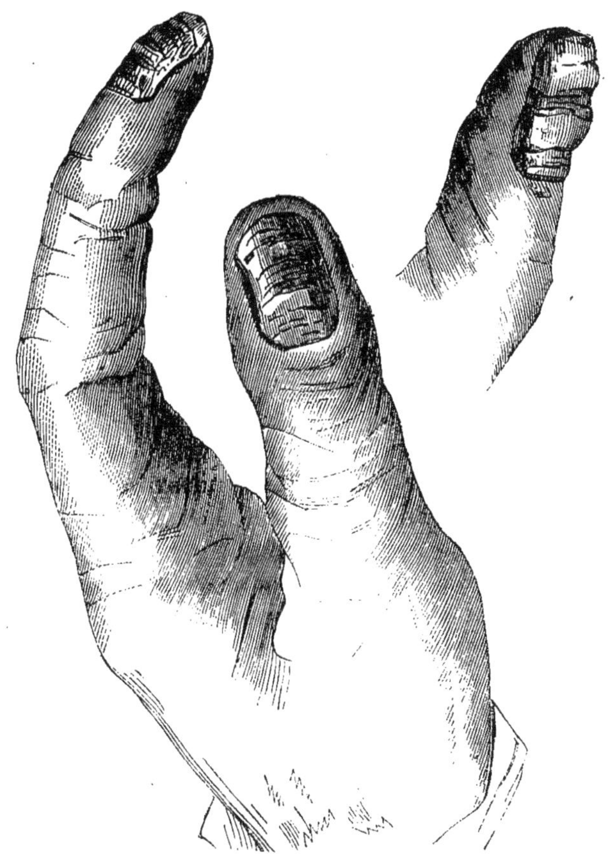

Fig. 6. — Psoriasis unguium.

plus nombreux, plus rapprochés et plus profonds, ils sont
aussi plus rapprochés de la matrice de l'ongle que sur
les autres doigts, ce qui nous prouve que leur améliora-

tion est moins avancée. Ces sillons des ongles des pouces semblent tendre à se confondre en une seule rainure qui diviserait l'ongle en deux parties. Dans certains points, et surtout sur le pouce gauche, on remarque entre deux sillons prononcés une portion intermédiaire saine, qui, par suite de la dépression des deux sillons, paraît bombée. Au niveau de la matrice des ongles, il n'y a plus de traces de psoriasis ; au début, on y observait des plaques nummulaires avec des squames argentées; aussi la portion de l'ongle qui apparaissait alors au niveau de la lunule était déformée.

Aux pieds, on rencontre la même altération des ongles, mais moins prononcée.

Psoriasis unguium. Glycosurie. — Lepaule, Adèle, trente-sept ans, entre le 10 septembre 1867, dans le service de M. Laillier ; elle est atteinte d'une glycosurie bien caractérisée.

Elle présente en même temps une éruption de psoriasis qui se montre par plaques nummulaires généralisées ; elles sont confluentes au cuir chevelu.

Les ongles des mains sont envahis par le psoriasis, ils sont d'une grande minceur, ont une apparence fendillée et se desquament à leur surface ; l'état pointillé occupe toute leur étendue.

Psoriasis unguium. — Badoince, Artémise, vingt ans, entre dans le service de M. Laillier pour une éruption de psoriasis disséminé sur tout le corps, mais surtout prononcé au cuir chevelu. Au niveau du derme des dernières phalanges du pouce de chaque main, on constate les traces d'une éruption qui, au dire de la malade, a débuté il y a environ un mois. Actuellement, au niveau de la matrice des ongles, la peau est rouge et légèrement congestionnée. Il existe une perte de substance considérable au niveau de la lunule de l'ongle du pouce de chaque côté : à ce niveau, il ne reste plus qu'une mince lamelle

de substance cornée, recouvrant le derme sous-jacent ;
sur le reste de l'ongle, quelques dépressions très-superficielles constituent un état pointillé peu apparent.

Psoriasis généralisé. Altération des ongles. — C'est à
l'obligeance de mon collègue, M. Landrieux, que je dois
l'observation suivante recueillie dans le service de M. Laillier. — Monnier, Henri, quarante-sept ans, perruquier,
est atteint d'un psoriasis qui a débuté il y a environ neuf
ans. Depuis cette époque, l'affection a reparu et disparu
un certain nombre de fois sous l'influence de traitements
qui ont varié.

A son entrée, le malade présente un psoriasis num-
mulaire assez confluent sur les membres supérieurs et
inférieurs, et sur la face postérieure du tronc. L'éruption
est également très-abondante à la face, à la nuque, dans
les régions temporo-frontales et derrière les oreilles. Les
plaques ont l'étendue d'une pièce de 50 centimes environ ;
elles ne sont pas surélevées, et ont une teinte hypéré-
mique assez prononcée. Les squames épidermiques sont
peu épaisses, mais assez brillantes ; démangeaisons très-
vives qui troublent le sommeil ; au niveau d'un certain
nombre de plaques, excoriations dermiques recouvertes
de croûtes sanguinolentes desséchées.

Les ongles de la main présentent également des traces
de l'affection psoriasique ; ils ont été beaucoup plus malades l'année dernière qu'ils ne le sont aujourd'hui.

Quelques-uns sont tombés. Actuellement, ils sont remarquables par leur minime épaisseur et la disposition
striée en long de leur face dorsale.

Dix jours après l'entrée du malade, les plaques de psoriasis sont le siége d'une congestion notable ; et cinq
jours plus tard, on constate une poussée nouvelle géné-
ralisée. Cette poussée se rencontre aussi assez abondante
à la paume des mains et à la plante des pieds. Dans ce dernier point, l'éruption psoriasique est presque confluente,

seulement l'épiderme est encore adhérent dans beaucoup de points.

Aux deux mains, l'éruption couvre d'une manière complète la face dorsale de la dernière phalange de tous les doigts ; à la face palmaire, mais non pas à tous les doigts, il y a aussi des plaques et des squames à demi détachées, dont quelques-unes se prolongent jusqu'au-dessous de l'ongle.

Les ongles de tous les doigts de la main sont profondément altérés, ils sont d'une minceur extrême, leur aspect brillant et leur transparence sont conservés. Ils présentent un grand nombre de sillons assez profonds dirigés dans le sens longitudinal ; de plus, on distingue à leur surface externe un aspect pointillé, constitué par de petites pertes de substance très-nombreuses, très-superficielles, arrondies, de l'étendue d'une tête d'épingle à peu près. Il y a dans cet état pointillé un degré d'amincissement plus avancé qu'au niveau des sillons ; sur certains ongles, on remarque que le repli épidermique qui s'avance sur la lunule a disparu : aussi la lame cornée, qui a perdu un de ses moyens de fixité, est devenue vacillante.

Aux ongles des pieds, l'altération n'est pas la même, différence qui s'explique par l'absence de plaques psoriasiques au niveau de la troisième phalange des orteils. Ces ongles sont remarquables par la présence de nombreuses stries transversales.

Deux mois après l'entrée du malade à l'hôpital, il existe une desquamation épidermique très-abondante ; les ongles tombent.

Trois semaines plus tard, on constate l'état suivant: Les deux tiers antérieurs de plusieurs ongles conservent encore une certaine adhérence ; ils présentent des stries transversales profondes. Sur le tiers postérieur, il existe une lame cornée de nouvelle formation, très-mince, qui s'insinue au-dessous de l'ongle ancien et le pousse en avant.

La description que j'ai donnée du psoriasis unguium se trouve pleinement confirmée par cette seule observation. On y trouve tous les degrés de la lésion unguéale : d'abord l'amincissement et l'état pointillé, puis les rainures profondes et la chute complète de l'ongle.

LÈPRE.

Après avoir passé en revue les signes fournis par l'ongle dans les quatre maladies constitutionnelles : syphilis, scrofule, arthritis et dartre, il me reste à signaler les altérations que subit la lame cornée unguéale dans une maladie à laquelle M. Bazin donne également l'épithète de *constitutionnelle*: c'est la lèpre. Voici la définition qu'il en donne : « La lèpre est une maladie constitutionnelle, non contagieuse, essentiellement héréditaire, se traduisant d'une part sur tous les systèmes d'organes par des affections spéciales, toutes caractérisées par un produit qui lui est propre : la matière tsorathique ; et d'autre part, se traduisant sur la peau par des variations dans la couleur, et par des altérations dans la sensibilité de cette membrane. »

Déjà Alibert avait signalé les altérations des ongles chez les lépreux ; il les avait classées dans le groupe des onygoses chroniques. Il dit en effet : « L'onygose chronique est un symptôme de la teigne, du trichoma, de l'herpès squamosus lichénoïdes, *de la lèpre* et de la syphilis ».

La plupart des auteurs modernes ont également signalé les altérations des ongles dans la lèpre ; mais M. Bazin est

le seul qui en ait donné une description. Je n'ai pas eu
occasion d'observer ce genre d'affections unguéales, et
je ne puis que rapporter ici ce qu'en dit M. Bazin. L'altération des ongles dans ces cas appartient au groupe des
léproïdes furfuracées. On lit dans l'ouvrage de M. Bazin :
« La léproïde furfuracée squameuse présente de grandes
analogies avec l'ichthyose. Son siége le plus fréquent est
aux extrémités supérieures et inférieures. Ce sont de
petites squames continues, dures, épaisses, sales, d'une
couleur brunâtre ou blanchâtre, adhérentes à la peau
qui n'a subi d'ailleurs aucune autre altération. Cette
singulière exfoliation ne s'accompagne d'aucune sensation anormale. Les ongles ne tardent pas à participer à la
lésion de l'épiderme ; ils se décolorent, perdent leur poli,
deviennent rudes et squameux. Leur cohésion diminue
peu à peu, leurs lames se disjoignent ; ils se fendent et
saignent à la moindre pression, puis leur chute spontanée
s'opère. Dans d'autres cas, le mal suit une marche in-
verse, les ongles subissent une sorte d'hypertrophie, ils
sont épais, saillants, tout en conservant les caractères de
rudesse et d'état squameux qui vient d'être décrit ».

DIFFORMITÉS DE L'ONGLE.

Dans un certain nombre de difformités spontanées de
cause interne, la lame cornée de l'ongle subit des altérations : c'est ce qui arrive dans l'*éléphantiasis*, l'*ichthyose*,
l'*achromie*.

1° La plupart des auteurs ne parlent pas des altérations
des ongles dans l'éléphantiasis ; cependant on lit dans le
livre de Rayer : « L'accroissement démesuré des ongles
a été quelquefois observé chez les individus atteints
d'éléphantiasis des Arabes. » Dans le courant de l'année
dernière, M. Laillier a eu dans son service, à l'hôpital
Saint-Louis, une petite malade, âgée de neuf ans, atteinte
d'éléphantiasis avec gonflement considérable des doigts.
Il existait en même temps une altération des ongles : la
lame cornée tombe assez fréquemment, mais ce qui frappe
surtout, c'est sa mollesse remarquable qui permet de la
plier par la pression la plus légère.

2° Les auteurs de dermatologie signalent, sans les
décrire, les altérations des ongles dans l'ichthyose. Mon
collègue et ami M. Thierry a bien voulu me communiquer
l'observation suivante recueillie dans le service de
M. Hardy. Duval, Pierre, âgé de vingt ans, ouvrier maçon,
entre le 10 octobre 1867 à l'hôpital Saint-Louis. Ce
malade présente à tous les ongles des pieds et des mains
l'altération suivante, d'ailleurs plus prononcée aux

membres supérieurs : ongles durs, secs, jaunâtres, excepté à leur extrémité libre où ils sont noirâtres. Ils sont rayés en travers sans irrégularités ni inégalités prononcées. Sous l'ongle, près de son extrémité libre, entre le tissu corné et le derme, on trouve une matière dure, analogue à de la corne, noirâtre, devenant blanche quand on l'enlève par le grattage ; sa couche superficielle s'en va en poussière fine quand on la frotte. Elle forme une couche plus ou moins épaisse suivant les doigts : ici épaisse de 0^m,077 ; là, de 0^m,003. L'extrémité des doigts n'est le siége d'aucune douleur.

A la main, les ongles dépassent l'extrémité de la pulpe des doigts de quelques millimètres ; aux pieds, leur extrémité est irrégulière et comme usée. Ils ne poussent pas, et n'ont jamais poussé, ou pour mieux dire le malade n'a jamais eu besoin de les couper ; il est probable que leur partie libre s'en va peu à peu en poussière.

Cette difformité existe chez lui depuis sa plus tendre enfance ; son père a pendant toute sa vie présenté la même altération des ongles ; son frère en est également atteint.

Pour M. Hardy, cette affection congénitale, héréditaire et symétrique est bien certainement de l'ichthyose, qui chez ce malade est limitée aux ongles.

Faut-il rapporter à l'ichthyose des ongles cette altération dont parle Bleck, et qui est survenue sans cause externe appréciable, sans affection évidente de leur matrice, altération d'autant plus remarquable qu'elle paraît avoir été héréditaire. « Est mihi amicus carissimus, cui quum nonum ætatis annum ageret, in digito annulari manus dextræ, unguis monstrosus, curvatus, rugosus et asper excrevit, in quo usque ad hoc nil morbosi animadverterat ; quam formam monstrosam unguem subiisse ille narrat sine causa interna seu externa morbosa vel mechanica. Adfuit autem hæc deformitas jam in matre, et eodem tempore eademque lege, quam antea diximus, nempe ut simulac nonum ad ætatis annum proventi essent, in sororibus et fratribus appareret. »

Cette description, un peu vague, est intéressante au point de vue de l'hérédité de l'affection; et c'est ce caractère qui m'a engagé à la rapprocher de la précédente, sans qu'il soit possible cependant de se prononcer sur la nature de l'altération unguéale.

3° Quoi de plus fréquent que la présence sur la lame cornée de ces macules blanches, que les anciens désignaient sous le nom de *flores unguium*, et qui sont vulgairement connues sous le nom de mensonges? Ces taches constituent une difformité qui n'a aucune espèce d'importance physiologique ou pathologique; elles sont plus intéressantes à étudier au point de vue anatomique. M. Double, dans son Mémoire sur les ongles, attribue ces taches blanches à la mortification du derme sous-jacent; d'autres ont dit qu'elles sont le résultat de la couleur du derme, qui, dans les points correspondants, est blanc comme au niveau de la lunule. Pour M. Bazin, cette difformité aurait son point de départ dans une simple albification de la peau au niveau des taches; il l'a désignée sous le nom d'*achromie*. Ni l'une ni l'autre de ces explications ne peut être acceptée, car ces taches blanches ont leur siége dans l'épaisseur de la lame cornée et non dans le derme sous-unguéal: on les voit en effet se déplacer graduellement et se rapprocher du bord libre à mesure que l'ongle s'accroît en longueur. Ces taches tiennent à ce que les cellules cornées à ce niveau ont perdu leur transparence par le fait d'une modification spéciale dont la cause nous échappe. J'ai cru remarquer que ces taches, quand elles existent, sont d'autant plus nombreuses et plus abondantes que le derme sous-jacent est d'un rouge plus foncé : par le fait de cet excès de vascularisation, y aurait-il dans certains points une sécrétion épidermique exagérée capable de produire ces opacités partielles ; c'est là un fait que je n'oserais affirmer. Ce que l'on peut dire, c'est que les taches blanches tiennent à une cause variable dans son intensité et qui n'est pas permanente ; il est fréquent en effet de voir sur un même ongle les taches diminuer, disparaître même à un moment donné, pour reparaître ensuite en beaucoup plus grand nombre et avec une étendue plus considérable.

DIFFORMITÉS CONGÉNITALES.

Les ongles peuvent manquer entièrement ou n'être qu'incomplétement développés. Ce vice de conformation extrêmement rare paraît dans certains cas être héréditaire. Bleck assure qu'on a conservé dans le musée de Berlin un fœtus qui présentait cette disposition anomale des ongles des doigts.

On observe aussi des ongles surnuméraires sur les sexdigitaires. Rayer a observé chez un de ses malades la disposition suivante : Les deux doigts surnuméraires étaient accolés aux pouces ; l'un d'eux, constitué par une seule phalange, moins volumineuse que la dernière phalange du petit doigt, était articulé sous la face latérale interne du premier métacarpien ; l'autre doigt, composé de deux phalanges moins longues que celles du pouce auquel il est accolé, est uni de la même manière à l'os du métacarpe correspondant. Tous deux sont pourvus d'ongles analogues à ceux des autres doigts.

Les ongles sont quelquefois situés d'une manière vicieuse ; Th. Bartholin raconte avoir vu une jeune fille chez laquelle l'ongle de l'indicateur était placé sur la partie latérale du doigt; et dans un cas où les doigts manquaient, le même anatomiste a vu les ongles implantés sur le moignon de la main.

Enfin, chez quelques individus, le derme et l'épiderme se prolongent considérablement sur l'ongle, et lui forment une espèce de tunique qu'on a appelée *pterygium unguis*.

DIFFORMITÉS ACCIDENTELLES.

Et d'abord, l'absence accidentelle des ongles, qui peut être le résultat d'un onyxis aigu ou chronique, ou de leur avulsion; si la peau qui les sécrète n'a pas été complétement détruite, ils peuvent se reproduire, mais d'une façon plus ou moins irrégulière.

Une difformité accidentelle assez curieuse est celle qui est constituée par les cicatrices de l'ongle. Lorsque la lame cornée unguéale a été divisée par un instrument tranchant qui n'a pas sectionné le derme sous-jacent, alors on voit se produire sur l'ongle une véritable cicatrice, constituée par une substance cornée de nouvelle formation, qui établit une véritable soudure entre les deux bords de la division unguéale. Dans ces cas, comme le derme sous-unguéal a été plus ou moins irrité par le fait de la blessure, il sécrète la substance cornée en plus grande abondance au niveau de la plaie, et il en résulte une arête longitudinale plus ou moins prononcée. Si le derme sous-unguéal a été lui-même divisé par l'instrument tranchant, alors plus de cicatrice possible de la lame cornée, car au-dessous de la division de cette dernière, on ne trouvera plus un tissu dermo-papillaire, propre à l'élaboration de la substance cornée, mais un véritable tissu de cicatrice. Dans ce dernier cas, les ongles

qui ont été divisés longitudinalement peuvent offrir un
véritable chevauchement par leurs bords correspondants,
lorsqu'ils ont continué à s'accroître. Le chirurgien
Robert s'était, d'un coup de scalpel, complétement divisé
l'ongle du pouce gauche ; il a, dit-on, présenté pendant
toute sa vie une division permanente de cet ongle.

Chez un étudiant en médecine de mes amis, j'ai
pu observer la cicatrice unguéale à un degré très-
marqué. A l'âge de cinq ans, G... reçut sur le doigt auriculaire un coup de couteau qui divisa, au niveau de sa
partie moyenne et dans toute son étendue, la lame cornée de l'ongle. La section se prolongeait en arrière sur
la peau du doigt dans une étendue de 3 centimètres
environ. Aujourd'hui, il existe sur la face dorsale du petit
doigt une cicatrice cutanée avec ses caractères habituels ;
elle se continue en avant, sans interruption, avec la cicatrice unguéale caractérisée par une arête saillante de
1 millimètre au-dessus de la surface de l'ongle ; de
chaque côté de cette arête, également large de 1 millimètre, existe un sillon qui lui est parallèle et établit une
séparation très-nette entre le tissu de cicatrice et le reste
de la lame cornée. De chaque côté de cette arête médiane,
les parties latérales de l'ongle sont légèrement inclinées,
de telle sorte que l'ongle tout entier, au lieu de présenter
la convexité normale, est formé par deux plans latéraux
obliques qui se réunissent sur la ligne médiane en formant un angle à sommet postérieur. Dans ce cas, le
derme sous-unguéal et celui de la matrice ont continué
à fournir une lame cornée dont la difformité a évidemment son point de départ dans une déformation du derme
consécutive à la blessure. Outre ces cicatrices, que l'on
peut regarder comme régulières, on a observé aussi au
niveau des ongles ce que l'on pourrait appeler une cicatrice vicieuse. M. Broca, en 1866, a présenté à la Société
de chirurgie l'observation d'un malade qui, à la suite

d'une plaie du doigt, avait eu l'ongle complétement divisé : une des moitiés de la matrice avait été le siége d'une contusion assez forte et était refoulée un peu au-dessus de sa position normale. Une des moitiés de l'ongle continua à croître normalement ; tandis que du côté de la portion malade de la matrice, on n'observa plus aucune trace de lame cornée ; mais on ne tarda pas à voir se produire, au niveau de la portion refoulée de la matrice, et par conséquent un peu au-dessus du lit de l'ongle, une petite tumeur arrondie, indolente, dont le volume augmentait assez rapidement. L'examen microscopique de cette tumeur démontra qu'elle n'était autre chose qu'une production cornée irrégulière, uniquement constituée par des cellules épidermiques.

Parmi les difformités accidentelles, on doit ranger les tumeurs qui se développent au-dessous de l'ongle. Rayer a vu des ongles déformés et soulevés de leur base vers leur racine par des verrues développées sur la portion de la matrice de l'ongle voisine de son extrémité libre. Léon-Louis, âgé de vingt ans, sellier, portait à l'extrémité de l'indicateur de la main gauche une verrue volumineuse qui occupait toute la largeur de l'extrémité de ce doigt : elle était formée de plusieurs verrues confluentes développées sous le bord inférieur de l'ongle, dont le bord libre était relevé presque verticalement. Cette verrue, inégale, très-dure, comme cornée, d'un gris noirâtre, se prolongeait le long du bord externe de l'ongle enfoncé dans son épaisseur, et au delà de sa racine. Plusieurs verrues isolées se voyaient sur le même doigt, et sur les autres, principalement sur le médius. Toutes furent détruites par l'acide nitrique. On a également vu des tumeurs mélaniques et des tumeurs vasculaires se développer au-dessous des ongles. Il est juste de dire que ces différentes tumeurs n'empruntaient à leur siége aucun caractère spécial.

Royer-Collard cite le cas d'une jeune fille dont l'ongle du gros orteil était soulevé par une tumeur osseuse, qui existait depuis plusieurs mois sur la face supérieure de la dernière phalange de cet orteil. En 1861, M. Letenneur (de Nantes) a communiqué à la Société de chirurgie une observation d'exostose sous-unguéale, occupant le gros orteil droit. Elle s'était développée chez un jeune homme de quinze ans à la suite d'une violente contusion sans plaie, et n'avait mis que quelques mois à s'accroître assez pour rendre l'opération nécessaire ; c'est à l'aide de la gouge et du maillet que l'ablation de la tumeur fut faite une première fois. Quinze jours à peine après l'opération, la récidive était évidente, et ses progrès furent si rapides que dans l'espace d'un mois la tumeur avait repris son volume primitif. M. Letenneur se décida alors à réséquer la phalangette. Deux incisions latérales, se rejoignant à l'extrémité antérieure du gros orteil, permirent de détacher les parties molles de cette phalangette, tout en conservant la matrice de l'ongle. Aussi la guérison, qui était complète deux mois après, fut-elle obtenue avec une déformation définitive très-peu considérable. Pour M. Letenneur, cette exostose sous-unguéale a été bien évidemment la conséquence d'une violente contusion ; il pense que c'est à la même cause qu'il faut rapporter la plupart des tumeurs de ce genre. Ce chirurgien reproche à l'abrasion, telle que la pratiquait Dupuytren, de laisser en place une partie de la production morbide. Aussi, après l'extirpation la plus complète avec l'instrument tranchant, est-il d'avis de cautériser toujours la surface osseuse. Le perchlorure de fer pourrait alors suffire, puisqu'il ne s'agit que de modifier superficiellement les tissus.

Dans la discussion soulevée sur ce sujet à la Société de chirurgie, Robert dit avoir observé cinq ou six exostoses sous-unguéales chez de jeunes sujets ayant de quinze à trente ans ; il les a enlevées par le procédé de Dupuytren. Il n'emploie ni la gouge ni le maillet, un fort scalpel lui paraît suffisant ; ce n'est pas seulement l'exostose qu'il enlève avec cet instrument, mais il enlève du même coup un peu du tissu spongieux sur lequel repose la tumeur, puis il éteint sur la plaie osseuse un ou deux cautères chauffés à blanc.

M. Gosselin, dans la même discussion, dit « que l'on exagère un peu, suivant lui, la tendance de ces exostoses aux récidives ; dans les trois opérations qu'il a pratiquées par l'ablation à l'aide de l'instrument tranchant, il n'a pas observé cette complication. »

M. Guersant, qui a fait huit ou dix de ces opérations, enlève l'exostose en excavant la phalangette ; et il a fait fabriquer dans ce but une sorte de serpette concave tout à la fois sur le tranchant et sur le plat.

M. Chassaignac a observé une de ces tumeurs sous-unguéales qui était le siége de douleurs intolérables. Au lieu d'être adhérente, cette tumeur était mobile et énucléable ; peut-être était-ce cette mobilité qui était la cause des douleurs si fortes éprouvées par le malade.

Il est enfin une dernière difformité constituée par l'accroissement exagéré ou hypertrophie des ongles. Cette altération des ongles, à laquelle les auteurs ont donné le nom d'*onycogriphose*, a une origine qui n'est pas toujours la même.

1° L'accroissement démesuré des ongles a été quelquefois observé chez les individus atteints de rhumatisme chronique ou d'ankylose. Rayer parle, dans son livre, du squelette du nommé Simorre, déposé dans les cabinets de médecine de l'École de Paris, et qui offre l'exemple remarquable d'une ankylose de toutes les articulations avec développement considérable des ongles. Les doigts écartés et ankylosés sont terminés par un ongle de plus d'un décimètre de longueur et d'une épaisseur presque égale. Les ongles des orteils ont acquis le même développement anormal. La nommée Melin, dont parle Saillaut dans son mémoire sur la maladie de la femme dite *aux ongles*, offrait un cas tout à fait analogue et non moins curieux que le précédent.

2° Les ongles mal conformés et d'une grande dimension ont été aussi observés chez des enfants et chez des adultes, qui offraient en même temps des productions cornées sur la peau. Ash a publié, dans les *Transactions philosophiques*, l'histoire d'une fille de douze ans, sur presque toutes les articulations de laquelle il s'était manifesté des végétations cornées, mamelonnées à leur base et dures à leur sommet. Les doigts et les orteils présentaient des végétations de cette nature, les genoux et les coudes portaient plusieurs de ces productions cornées, dont quelques-unes acquirent jusqu'à quatre pouces de longueur ; ces végétations tombaient partiellement et elles étaient remplacées par de nouvelles. Les ongles devinrent si grands que quelques-uns, surtout aux mains, acquirent jusqu'à cinq pouces de longueur. On voyait distinctement qu'ils étaient formés de plusieurs couches blanchâtres à l'intérieur, d'un gris roussâtre à leur superficie, et offrant çà et là des points noirs.

3° Alibert regardait les contusions des doigts comme une cause assez fréquente de ces onygoses par difformité. « Le nommé Vaufeuil, à la suite d'une contusion violente produite par un cheval, vit l'ongle de l'index droit devenir cylindrique, et acquérir dans l'espace d'un an près de vingt pouces de longueur : cet ongle était crochu comme une griffe d'aigle à son extrémité. — Une dame qui voyageait fut renversée de sa voiture ; les doigts de la main droite furent écrasés par les roues de l'équipage ; les ongles tombèrent, mais lorsqu'ils se reproduisirent, ils se montrèrent constamment inégaux, rugueux et friables. » L'hypertrophie des ongles se montre,

en effet, assez fréquemment à la suite de contusions vio-
lentes de la pulpe des doigts et des orteils. Chez un certain nombre des femmes de la Salpêtrière, atteintes d'o-
nycogriphoses, j'ai pu m'assurer que l'altération unguéale
avait eu son point de départ dans une contusion.

4° Chez un certain nombre de malades, et peut-être
est-ce le cas le plus fréquent, l'onycogriphose a son point
de départ dans un onyxis chronique déterminé par l'irritation du lit de l'ongle. Chez un bon nombre de vieillards, lorsque les ongles devenus durs s'allongent, ils
subissent de la part des chaussures des chocs qui, trans-
mis au derme sous-unguéal, l'irritent et lui font sécréter
la matière cornée en plus grande abondance. Un fait
clinique qui vient à l'appui de cette manière de voir,
c'est la coïncidence fréquente de l'onycogriphose et de
la déviation des orteils. Il est, en effet, très-fréquent
d'observer des ongles hypertrophiés sur les orteils qui
ont pris une direction vicieuse, et qui par conséquent
subissent de la part de la chaussure une irritation mécanique plus prononcée.

5° Enfin, dans un certain nombre de cas, l'hypertrophie unguéale reconnaît pour cause une gêne dans la
circulation veineuse ou artérielle du membre, et, par
suite, du derme sous-unguéal. Mon cher maître, M. Léon
Parisot, m'écrivait à ce sujet : « Je donne en ce moment
des soins à une demoiselle âgée de soixante-cinq ans ;
elle présente depuis sept mois une thrombose des veines
humérales profondes du côté droit ; la maladie s'est
déclarée subitement, et l'oblitération siége à la partie
moyenne des vaisseaux ; elle s'est accompagnée de douleurs et d'œdème. Aujourd'hui, les ongles se sont hypertrophiés, et ont acquis un développement de 6 centimètres pour le pouce, et de 4 à 5 centimètres pour les
autres doigts ; celui de l'index tend à sortir du sillon rétro-
unguéal ; tous sont jaunes, striés transversalement et

très-épais. — Chez un individu âgé de soixante-quinze ans, atteint de rhumatisme noueux, et qui a présenté à l'autopsie des plaques athéromateuses de l'aorte et des iliaques primitives, les ongles des orteils sont le siége d'une hypertrophie considérable. Celui du gros orteil présente une longueur de 6 centimètres ; celui du côté droit n'a que 5 centimètres ; ils sont recourbés sur eux-mêmes, striés transversalement ; leur épaisseur dans leur partie libre est de 1/2 centimètre. »

Mon collègue, M. Huchard, a bien voulu me communiquer l'observation suivante d'une malade âgée de quatre-vingt-neuf ans, couchée au n° 1 de la salle Saint-Michel, à la Salpêtrière.

Il existe une déviation portant surtout sur les deux gros orteils, qui sont déjetés en dehors et forment avec les premiers métatarsiens un angle obtus dont le sommet est situé en dedans, déviation plus prononcée du côté gauche. L'ongle du gros orteil gauche, considérablement hypertrophié, se recourbe directement en arrière jusqu'au niveau de l'articulation métatarso-phalangienne. Cette corne forme une convexité supérieure ou dorsale, et par son extrémité libre appuie sur la racine du gros orteil. Même production cornée à droite, mais ne couvrant pas complétement la face dorsale du gros orteil, déjetée en dehors et appuyant par son extrémité libre contre la face interne du deuxième orteil. Les autres ongles sont seulement plus épais, mais ne présentent rien qui rappelle la difformité précédente ; les ongles des gros orteils ont une longueur de 4 centimètres. — A la jambe droite, au niveau de la réunion du tiers moyen avec le tiers inférieur, existent des productions cornées, en forme d'écailles imbriquées, dures au toucher et présentant une surface irrégulière de 4 à 5 centimètres d'étendue. A ce niveau, la malade a eu, il y a trente ans, une fracture des os de la jambe. Autour de cette production cornée existent des lamelles épidermiques nombreuses qui donnent au membre un aspect farineux.

Artère fémorale gauche. — Ce n'est plus qu'un cordon dur très-résistant ; le doigt sent à peine les battements et l'on ne peut percevoir aucun bruit à l'aide du stéthoscope. — Mêmes altérations pour la fémorale droite. — Les deux radiales sont fortement altérées, résistantes, flexueuses. Les ongles des doigts présentent la déformation hippocratique. — Bruits cardiaques sourds, irréguliers, emphysème pulmonaire ; le tracé sphygmographique du pouls radial est remarquable par un plateau des mieux caractérisés, preuve certaine d'une ossification artérielle très-avancée. Cette observation permet de saisir la liaison qui existe entre les altérations vasculaires et les altérations unguéales.

Dans certains anévrysmes artério-veineux, on a observé une exagération de la nutrition du membre, telle que sa longueur était de 3 centimètres supérieure à celle du membre opposé ; on a constaté aussi une exagération dans le développement du système pileux sur les parties affectées de cette sorte d'anévrysme. Dans ces cas, on n'a rien signalé de particulier du côté des ongles, mais il est permis de se demander si ces productions cornées sont restées étrangères au travail de nutrition exagérée qui s'accomplit dans tout le membre.

Voyons maintenant quels sont les caractères de l'ongle qui a subi la transformation gryphotique : outre leur longueur souvent considérable, ces cornes sont, dans certains cas, contournées en spirales comme des ongles de bélier dont elles rappellent l'organisation ; d'autres fois elles se recourbent comme les griffes de certains oiseaux et empêchent les malades de marcher ; on a vu l'extrémité de l'ongle se recourbant perforer la pulpe digitale. Presque toujours les ongles présentent des stries transversales analogues aux stries circulaires des cornes des ruminants.

La substance qui constitue cette hypertrophie des ongles est sèche, cassante, d'un blanc jaunâtre. Sa structure microscopique est celle de toutes les productions épidermiques. En traitant une coupe mince de ces ongles par la potasse ou la soude, on voit se séparer les unes des autres des cellules épidermiques pavimenteuses à petit noyau, absolument identiques avec celles de l'épiderme normal. Ces cellules, tassées les unes contre les autres, disposées en couches concentriques, constituent toute la substance de ces ongles hypertrophiés. Virchow a signalé dans certains cas la présence de champignons entre les couches cornées de formation nouvelle.

Le derme sous-unguéal présente dans ces cas une augmentation d'épaisseur qui peut atteindre quelquefois 5 millimètres ; les lamelles papilliformes sont hypertrophiées, rouges, gorgées de vaisseaux. Dans certains cas cependant, quand l'ongle a acquis une épaisseur très-considérable, chez des vieillards dont la nutrition se ralentit énormément, cette lame cornée épaisse peut agir sur le derme sous-unguéal comme un corps étranger, le comprimer, l'atrophier et même diminuer l'épaisseur de la phalange qui le supporte. Follin a même constaté de petits lobules graisseux entre les fibres de ce derme atrophié.

F I N.

TABLE DES MATIÈRES

Paris. — Imprimerie de E. Martinet, rue Mignon, 2.